村镇建筑结构抗震技术手册丛书

陈忠范　主编

村镇石结构建筑抗震技术手册

编　著　徐　明　陈忠范　高晓鹏

　　　　时　丹　赵　娜　董尔翔

校　审　郑　怡　黄际洸

U0242455

东南大学出版社

·南　京·

内容提要

本书较系统地阐述了国内外石结构的发展历史、结构特点及分布情况,总结归纳了以往地震中村镇石结构的震害特点,调研了国内村镇石结构的抗震能力现状和隐患,介绍了国内外石结构的研究现状。依据国家现行规范,对村镇石结构的材料及其力学性能进行了讲述,详细介绍了村镇石结构的建筑场地、基础设计、上部结构设计计算方法、抗震构造措施,以及村镇石结构的施工方法与质量验收要求,给出了村镇石结构的设计计算实例。

本书语言朴实、易懂,图文并茂,是一本具有鲜明特色的村镇建筑结构技术人员用书,用于指导村镇石结构的材料选择、结构设计、施工与验收,也可供石结构研究人员参考。

图书在版编目(CIP)数据

村镇石结构建筑抗震技术手册/ 徐明等编著.
—南京:东南大学出版社,2012.12
　ISBN 978-7-5641-3974-2

　I. ①村… II. ①徐… III. ①农业建筑—砖石结构—防震设计—技术手册　IV. ①TU26-62

中国版本图书馆 CIP 数据核字(2012)第 297573 号

村镇石结构建筑抗震技术手册

出版发行	东南大学出版社
出 版 人	江建中
网　　址	http://www.seupress.com
电子邮箱	press@seupress.com
社　　址	南京市四牌楼 2 号　210096
电　　话	025-83793191(发行)　025-57711295(传真)
经　　销	全国各地新华书店
印　　刷	南京玉河印刷厂
开　　本	850 mm×1168 mm　1/32
印　　张	6
字　　数	150 千字
版 印 次	2012 年 12 月第 1 版　2012 年 12 月第 1 次印刷
书　　号	ISBN 978-7-5641-3974-2
定　　价	29.00 元

主编的话

我在主持国家"十一五"、"十二五"科技支撑计划课题时，我们课题组人员总结了村镇建筑的设计、施工与验收方面的研究成果，并进行研究，这套丛书正是在以上研究成果的基础上整理出来的。本丛书共5册，分别关于村镇建筑"砌体结构"、"石结构"、"生土结构"、"木结构"和"轻钢结构"，2012年出版前3册，2013年出版后2册，石结构属于砌体结构的一种，在这套丛书中的《村镇砌体结构建筑抗震技术手册》中未详写关于石结构的内容，而是写在《村镇石结构建筑抗震技术手册》中。地震的基本知识和抗震设防烈度、设计基本地震加速度、设计地层分组适用于本套丛书的各册，仅写在《村镇砌体结构建筑抗震技术手册》中。

在支撑计划执行和丛书的编写过程中，得到同济大学、中国建筑科学研究院、沈阳建筑大学、苏州科技学院、江苏黄埔再生资源利用有限公司、南京工业大学、南京林业大学等的大力支持，在此深表感谢！

丛书编著者之一的黄际洸教授级高工虽已过八十高龄，仍才思敏捷，不仅自己写作，还多次来南京商讨写作事宜，对我们这些晚辈的教育和鼓舞巨大，特此表示敬意！

由于编者在这一领域内研究的深度、广度有限，丛书中谬误难免，恳请读者批评指正，谢谢！

陈忠范于东南大学

二〇一二年十二月

目　录

第一章

绪　　论

石材是最早被人类认识和利用的天然材料之一，应用于建筑领域已有相当长的一段时间。相对于其他砌体结构建筑，石砌体房屋具有以下优点：

就地取材、经济实惠。石砌体的主要块体材料——料石，主要为天然花岗岩石材经稍微加工即可取得，取材方便、价格低廉。它比起一般的钢筋混凝土结构可大量节省水泥、木材和钢材等材料，并不受地区、气候和特殊的技术设备的限制。

材质坚硬、色泽美观而又丰富。石头作为建筑材料，具有质地坚硬厚重，色泽纹理丰富美观的特点，这是其他建筑材料所不可比拟的。其美学的效果也不会随着时间的推移而消失，反而会在保留原有特色的基础上增添历史的韵味，表现得更加良好而又成熟。

极佳的耐久性。很多历史建筑和工程结构对此特性提供了实际证明。必须强调的是，无论如何这些重要的功能上和环境上的利益只适用于正确设计的石砌体结构。倘若石砌体结构的设计和建造都是尽职的，它们将比设计寿命大为延长。

很好的耐火性。石材本身就是不燃物质，既不会着火也不能传播火，事实也证明石墙极少因受火灾而严重破坏。

极高的抗压强度。这是其用来建造建筑的根本特性，也是它为广大民众长期青睐的亮点，尤其在拱、桥、塔的建筑中更显身手。

绝好的抗冻性。这是一般建筑材料所不可相提并论的特性。

正因如此,石砌体结构不因气候冷暖交替而改变材料特性,更不因寒冷而丧失其优良品质。

较好的化学稳定性、大气稳定性和耐磨性,而且吸水率低。

因此,石砌体结构建筑遍布世界各地,大量古老的人类文明和建筑文化通过耐久性优越的石结构建筑加以传承。

1.1 国内石结构的发展历史

石材是人类发展历史上最早的建筑材料。石材作为建筑材料使用的最初原因是提供遮风避雨的场所,人类把大小不一的石头收集起来,一个挨一个地摆放,中间的空隙用小石头填充形成石墙,然后用木头支撑屋顶形成完整的房屋。随着社会的发展和人类需求的提高,除了解决遮风避雨的基本需求外,石材在各个领域得到广泛的应用。

早在5 000年前,我国就已用石材建造石砌祭坛和石砌围墙。秦代用乱毛石和黏土将已有城墙连成一体并增筑新的城墙从而建成闻名于世的万里长城(图1.1),这是用石材做建筑材料的建筑物典型。这一时期以中国为主的东方建筑中,石材主要是产石地区木构建筑及砖砌建筑的补充或衬托,木构建筑的木柱置于地下,基础一般用粗糙的大块卵石砌成。

图1.1 中国万里长城

　　自汉代以后,建筑木构架上升到地面以上,础石(图 1.2)亦随之浮出水面成为室内装饰的重要部分。此外这一时期出现了全部石造的建筑物,如石祠(图 1.3)、石阙和完全用石构造的石墓。这些建筑上多镂刻人物故事和各种花纹,刻石的技术和艺术也逐步提高。

图 1.2　础石

图 1.3　汉代孝山堂石祠

　　到了南北朝时期,石工的技术无论在大规模的石窟开凿上或在精雕细琢的手法上,都达到了很高的水平。在麦积山、南北响堂山和天龙山的石窟外廊上,石工们以极其准确而细致的手法雕造了模仿木结构的建筑形式(图 1.4);同样,神通寺四门塔(图 1.5)也显示了当时砌石结构的水平。正是这种种丰富经验的积累,给七世纪初隋朝的安济桥那样伟大的桥梁工程打下了技术基础。

图 1.4　北朝石窟寺

图 1.5　神通寺四门塔

隋唐的覆莲柱础是体现当时建筑风格的标志之一;建筑台基也是应用石材的重要部位;初期夯蔓台多用砖包砌,重要建筑物的阶沿及台角加用石条,以后发展成全用石材包砌。这一时期,在石材的使用方面有了突出的成就,石拱桥的建造也达到很高的技术水平。如位于我国河北赵县的安济桥(图 1.6),是在隋代由石工李春设计建造,桥长 64.4 m,桥面宽约 10 m,跨径 37.02 m,净矢高 7.23 m,桥坡度约为 6.5%;桥由 28 圈拱石平行砌筑,每圈由 43 块拱石砌成。拱石的厚度均为 1.03 m,长 0.7~1.09 m,宽约 0.25~0.4 m 不等,以便砌成变宽度的拱圈。安济桥是当今世界上现存最早、保存最完善的古代敞肩石拱桥。1991 年,美国土木工程师学会将安济桥选定为第 12 个"国际历史土木工程的里程碑",这对弘扬我国历史文化具有重要意义。

图 1.6 河北赵县安济桥

辽、宋、金时期,可以从一些桥和塔看到这个时期石结构的发展情况。除了金朝继承过去传统,在河北赵县、栾城和山西晋城等地修建了若干座敞肩石拱桥以外,这时期南北各地还修建了很多石拱桥。福建省沿海地区,在宋朝曾建造若干巨大的石桥梁。如公元 1078 年建造的泉州万安桥(图 1.7)长达 540 m,41 孔;石梁长 11 m,一般宽 0.6 m,厚 0.5 m。这时期南北各地出现了大量模仿木结构形式的石塔,如福建地区留下的几座楼阁式石塔,其中南宋淳祐年间建造的泉州开元寺双塔(图1.8),八角、五层,各层柱、枋、斗拱和檐部结构,全部模仿木结构的形式。从石材的性能上来看是不恰当的,但是它已经受了七百余年的考验,依然完整地保留至今。

图1.7 泉州万安桥   图1.8 泉州开元寺双塔

明清时期,宫廷建筑中广泛采用了石材,其中包括开采于房山的汉白玉、青白石,马鞍山的青砂石、紫石,白虎涧的豆渣石,牛栏山和石景山的青砂石,江苏徐淮地区的花斑石。汉白玉石洁白如玉,专供宫廷、陵寝、坛庙阶砌栏楯之用,柔和而易琢,具有极高的装饰效果,如北京故宫三大殿、天坛祈年殿的汉白玉须弥座(图1.9),其栏干就是很珍贵的范例,花斑石由于石纹斑斓美丽,多用于宫殿和苑

图1.9 天坛祈年殿的汉白玉须弥座

囿作铺地材料。此外,还有虎皮石,苑囿中多用以垒砌围墙和房屋的台基,既经济又美观,所有这些都充分体现了古代匠师在因材施用方面的卓越成就。

在清朝末年、19世纪中叶以前,我国的石建筑主要为城墙、佛塔、石雕佛像以及石砌台阶、石桥和石砌堤坝等。19 世纪中叶以后,在盛产石材而开采和加工石料又有丰富经验的地区,如福建泉州等地(图 1.10),人们充分利用石材强度,开始采用石砌筑建筑物,因地制宜地扩大石结构的应用范围。

图 1.10　福建崇武古城民居

　　我国历史上著名的、甚至现在还保存下来的石建筑物很多,从这些建筑物可清楚看出我国文化历史的悠久和古代劳动人民的智慧,我们应该继承祖先的优良传统,努力学习以发扬光大。

1.2　国内石结构的分布和特点

1.2.1　国内石结构的分布

　　在我国,现存的石结构建筑主要分布在东北地区、东部及东南沿海、云贵高原、青藏高原及其他山地地区,其中东南沿海的福建闽南地区分布最为广泛(图 1.11)。在福建,古代人们就利用石材建造了大量桥梁建筑。在民居建筑中,尤其在泉州、惠安一带,石材也得到了充分利用,石结构建筑遍及东南沿海各地,具有浓厚的建筑特色和悠久的历史。据统计,福建沿海不同地区农村住宅石结构所占比例分布约 40%～70%,整个闽南地

图 1.11　福建莆田纯石　　　　　结构民居

区现今共有约 2 000 多万 m² 的石结构房屋。很多石结构建筑,例如泉州的宋代安平桥、万安桥、开元寺塔和崇武古城墙等已列为国家乃至世界宝贵的历史遗产。福建省盛产优质花岗岩石材,作为当地传统的建筑材料之一,石材本身材质均匀、抗压强度高、耐久性好。该地区大部分石结构房屋是料石砌筑的全石结构。虽然现在钢筋混凝土和钢结构房屋受到越来越多的关注,但是在经济条件和地理位置受限的福建沿海地区,石结构房屋以其良好的耐久性和抗风性能,以及美观大方、取材方便的特点,仍是东南沿海地区村镇住宅主要的结构形式之一。

在云、贵、川等省境内的彝、羌、哈尼、藏、布依等少数民族,依据山区和半山区的自然地理条件,就地取材,以自己的方式创造出丰富多彩的建筑文化,建造了各具特色的石结构传统民居。例如贵州布依族居民利用当地盛产的优质石料,因地制宜,修造出依山傍水的干栏式楼房或半边楼式的石板房(图 1.12),此类石板房以石条或石块随意地堆叠起来,石板与石板之间,没有泥土的胶着,钢材的固定,墙可垒至 5~6 m 高,以石板盖顶,风雨不透,除檩条、椽子是木料外,其余全是石料。贵州省安顺市本寨村屯堡的石头屋(图 1.13),是以青石为主体结构,石板铺顶当瓦的一种民居;

图 1.12 布依族依山傍水的石板房

图 1.13 屯堡石头屋

这种石头房的承重构件是木头,墙体并不承重,楼板和屋顶是由木头架构支撑的。广西京族抗风耐湿的石条房(图 1.14),以长方形(每块石条约长 0.75 m,宽 0.25 m,高 0.20 m)的淡褐色石条砌筑而成,屋顶盖瓦片,并以砖石相压,异常牢固,经得起台风的侵袭。广西毛南族依山而建的石砌干栏楼(图 1.15),采用加工成各种规格的料石砌筑房基、墙体、柱脚、阶梯和阳台等,用木料做屋架、楼板与楼房内壁;底层的干栏柱下半截采用石柱,由院子进入楼内的台阶采用石条,

图 1.14　广西京族抗风耐湿石条房

干栏楼的房基和山墙采用整齐的石块。四川羌族的丹巴碉房(图 1.16),用当地大量的片石做主材,在大石之间嵌小石并填充黏土铺筑,局部用小石片填缝找平,每砌 1 m 左右在墙内水平布放干木板,称为"墙筋",墙体交角处选用厚重、条状的石块;石墙自下而上逐渐变薄,逐层收小。因取材方便和传统民族文化的传承,石结构房屋仍将是这些民族主要的结构形式。

图 1.15　毛南族依山而建的石砌干栏楼

图 1.16　四川羌族的丹巴碉房

在我国北部(如陕、甘、晋、冀及东北地区等)山地地区,石结构房屋也有较多分布,尤其在唐山地区,石结构及其建造技术是唐山人的"瑰宝",为唐山赢得了盛誉。至今,冰炸纹、龟背脊、平纹卧砌等方法,以及利用阴、阳缝组成的各类线条,仍然有着它独特的艺术魅力。20世纪50年代以后,唐山地区建造了大量的用于住宅和公用建筑的多层砖石结构房屋(图1.17)。但是唐山地震后,唐山新建建筑大多为钢筋混凝土建筑。

图 1.17　唐山石结构住宅楼

在我国西藏地区,当地居民创造出具有藏族传统建筑特色的宫堡式建筑、民居建筑、庄园建筑和寺庙建筑。西藏有大量具有民族特色的宫堡式建筑,例如位于西藏山南地区的雍布拉康宫殿(图1.18),是一座古堡式建筑,分前后两部分,前部为一幢三层楼房,后部是一座高约30 m的碉房雄踞山巅,整个建筑墙体为纯石结构,坚实耐久,宫顶系上木构架。石建筑民居在西藏各个地区也有广泛的分布,山南地区居民因地制宜,利用雅拉香波神山下取之不尽的片石建造石结构房屋(图1.19),这种房屋外形简单,源于一种早期的宗教意愿,人们会在房屋上用白灰勾画出各种图案。还有的居民用大小不等,形状不同的石头垒成石屋,这种房屋看似简陋随意,其实非常坚固耐用。为了显示贵族阶层的权威,贵族庄园的建筑(图1.20)一般为全石建筑,用大石之间嵌小石并填充黏土铺筑。寺庙建筑是藏式建筑中除民居以外分布最广、规模最大、数量最多的建筑类型,其大部分建筑的基本形式是在"碉房"建筑的基础上,经过长期演变而形成的。除了取材方便和石结构房屋本身美观大方,宗教信仰也是西藏地区居民热衷石结构房屋的一个重要因素。石结构房屋将会随着藏族人民的信仰一直传承下去。

图 1.18 西藏雍布拉康宫殿　　　　图 1.19 西藏山南地区片石结构房屋

图 1.20 西藏曲松县拉加里王宫

我国石结构建筑的地域性很强,在我国一些盛产石料的地区,这类建筑受到人们的喜爱。但是在非产石地区,普通群体很难有实力使用石材作为其建筑材料,这极大地限制了我国石建筑的发展。

1.2.2 主要建筑构件

石结构房屋大部分是全石结构,房屋、墙体、基础以及所有构件均由石材砌成。少数石结构房屋其实并非石结构构件承重，而是由木构架支撑楼板和屋顶（图1.21）。石结构房屋建筑一般由基础、墙、柱、楼（屋）盖等构件组成，其中基础是建筑物最下部的承重构件，墙和柱是建筑物的竖向承重构件，楼（屋）盖是建筑物中承受各楼层和顶层各种荷载并传给墙和柱的分隔构件。

图 1.21 西藏林区民居

　　国内常见的楼（屋）盖体系包括石板、木板或混凝土板（图1.22，图1.23），其中石板是最常用的楼（屋）盖体系。东南沿海的石结构房屋、贵州布依族民居等大都采用石板作为楼（屋）盖。木楼（屋）盖体系是楼板和屋顶用木头架构支撑，这种形式多出现在贵州省安顺市本寨村屯堡的石头屋、广西毛南族依山而建的石砌干栏楼中。混凝土楼盖的使用近期才越来越多，其抗震性能比石或木楼盖体系要好。

图 1.22 石楼盖

图 1.23 木楼盖

　　根据各地建筑特色、石材类别和砌筑方式的不同,墙体可分为:料石墙、碎石墙、片石墙和夹板墙等。料石墙(图 1.24,图1.25),是指采用料石叠砌,块体之间采用混合砂浆、水泥砂浆或无砂浆填充的墙体,是东南沿海地区常见的墙体形式。碎石墙(图1.26),是指采用不规则的碎石砌筑,石缝中用混合砂浆、水泥砂浆或无砂浆填充的墙体;墙体砌筑较为随意,抗震性能较差,东南沿海地区部分石结构房屋的墙是碎石墙。片石墙(图 1.27),是指在大石之间嵌小石并填充黏土铺筑,局部用小石片填缝找平的墙体,是四川羌族的丹巴碉房和西藏民居等中常见的墙体形式。夹板墙,是指外墙采用石材砌筑,内墙采用填充材料填充的墙体,根据其内部填充材料又可以分为空心夹板墙、碎石夹板墙、砂浆夹板墙及素混凝土夹板墙。

图 1.24　有垫片铺浆砌筑粗料石墙

图 1.25　无垫片铺浆砌筑细料石墙

图 1.26 碎石墙 　　　　　 图 1.27 片石墙

　　基础多数情况下采用石砌基础，材料多为毛石，石块之间缺乏黏结。但少数情况下，石墙无基础。

　　大部分石结构房屋梁、柱采用石梁、石柱（图 1.28、图 1.29），木构件承重的石结构房屋中则为木梁、木柱。

图 1.28 石柱 　　　　　 图 1.29 悬挑石梁

1.2.3 墙体砌筑方式

　　用于砌筑石结构房屋的石材主要包括料石、毛石和卵石三种，其中，料石是指经过加工后规则的石块，根据加工的粗细程度有细料石、粗料石和毛石；毛石是指形状不规则，中部厚度不应小于

200 mm 的石块,根据其外形又可分为乱毛石和平毛石两种;卵石是指天然石块,尤指卵状的天然石块。

根据各地石材类别和墙体形式的不同,墙体的砌筑方式也不同,主要包括:有垫片铺浆砌筑法、无垫片铺浆砌筑法、干砌法等。

有垫片铺浆砌筑法,即在砌好的石块上铺满砂浆后砌筑上皮石块,锤击调平后在砌体两侧灰缝中塞入副垫;主要用于表面粗糙度很大的粗料石砌筑。

无垫片铺浆砌筑法,即在砌好的石块上铺满砂浆后直接砌筑上皮石块;主要应用于表面粗糙度不是很大的细料石、片石等的砌筑。

干砌法,即石块间无砂浆,下皮石块上直接砌筑上皮石块;这要求石块表面粗糙度很小才可以砌筑。

此外,有些特殊形式的石墙采用特殊的砌筑方法,如碎石墙,采用灌浆法砌筑,使石块周围充满砂浆。

1.3 国外石结构的发展历史

国外石结构建筑有着悠久的历史。埃及金字塔(图 1.30)是现存最古老的石建筑,目前已发现最大的金字塔高达 149.59 m,大约用 230 万块、每块重 2.5 t 石块叠砌而成,缝隙密合,不施泥灰。

典型的石结构建筑起源于公元前 8 世纪初,至公元前 5 世纪成熟。在古希腊,石结构建筑逐步形成了建筑的型制、石质梁柱结构构件和艺术

图 1.30 埃及金字塔

形象的组合,在发展石结构方面作出了重要贡献。早期的古希腊

石结构建筑柱子是由整块石材制成的,后来改为分段砌筑,每段的中心有一个销子,体现了人体美和数的和谐,古希腊多立克和爱奥尼柱式就是这种典型的代表作。雅典古卫城中帕提农神庙(图1.31)是古希腊多立克柱式建筑最高成就。神庙共有46根多立克柱,柱高约10 m,除屋顶为木质外,其余均为白色云石建成,现仅剩下40多根柱和断壁残垣。古卫城前门南端的雅典娜胜利女神庙(图1.32)在其前后门廊上采用了4根爱奥尼式柱,这种柱式强调线条,造型优美典雅。

图 1.31　雅典帕提农神庙

图 1.32　雅典娜胜利女神庙

古罗马建筑继承了古希腊的建筑成就,经过发展,石结构建筑达到了当时世界建筑的最高峰。罗马建筑最大特色是建筑物体量大,外观引人注目,运用拱和穹顶,使得大空间圆形屋顶成为现实。罗马万神庙(图1.33)是古罗马建筑代表作之一,平面为圆形,上覆穹顶,是

图 1.33　罗马万神庙

古代最大的穹顶,直径43.3 m,矢高亦为43.3 m,体现了古代穹顶技术杰出的成就。古罗马建筑能满足各

种复杂的功能要求，主要依靠水平很高的券拱结构。券拱结构是罗马建筑最大的成就，对后来发展的欧洲古典文艺复兴时期的建筑有着重大的影响。

古希腊、古罗马是西方石结构建筑的发源地，从目前许多石结构建筑遗迹和部分石结构建筑原物中可得知，如今的许多石结构建筑都是从古希腊和古罗马石结构建筑的基本型制发展而来的。

到了欧洲中世纪，以法国为代表的封建建筑是西欧国家最为典型的建筑样式，各种教堂、宫殿、住宅层出不穷，不同风格的石结构建筑也得到了大力发展。以法国为中心的哥特式教堂在这个时期发展到了极致。在哥特式建筑中常常使用骨架券作为拱顶的承重构件，具有结构先进性、施工精确性、艺术完美性的特点，对石结构建筑的发展，起到了进一步的推动作用。例如始建于公元1163年的巴黎圣母院（图1.34），它使用尖券、柱墩、肋架拱和3层楼高轻巧扶壁组成石框架结构，代表着成熟的哥特式教堂的结构体系。

在中世纪的意大利，石结构建筑有着独立的发展，其中不乏许多举世闻名的经典的石结构建筑，如佛罗伦萨主教堂、威尼斯总督府（图1.35）等。特别是威尼斯的石结构建筑，规模宏大、风格多样，象征着威尼斯作为当时海上强国、地中海贸易之王的地位。

图1.34　巴黎圣母院

图1.35　威尼斯总督府

到了文艺复兴时期,建筑在形式上借鉴古典的柱式和构图,在穹顶的结构上借鉴哥特建筑的肋架拱顶和飞扶壁的原理,同时注重室内设计,取得了令人震撼的艺术效果。随着石结构建筑的发展,19世纪末出现了新艺术运动,带来了对传统材料的重新反思,建筑师开始从不同角度探究石建筑的材料和结构的关系,试图重新诠释石材所特有的自然属性与精神内涵。

石结构建筑的另一个发展是传自阿拉伯国家,以西班牙和印度为主的伊斯兰建筑,这类建筑的一些类型、型制和手法,具有强烈的伊斯兰和阿拉伯风格。独具特色的是尖穹隆顶和尖拱券以及两个主要装饰——宗教建筑和世俗建筑共有的拱形门厅和墙与拱顶之间具有装饰性的过渡部分。例如有着古老而浪漫故事的印度泰姬陵(图1.36),它由殿堂、钟楼、尖塔、水池等构成,全部由纯白色大理石建成,用玻璃、玛瑙镶嵌,绚丽夺目、美丽无比,是伊斯兰教建筑中的代表作。

图1.36　印度泰姬陵

约建于公元120年的也门霍姆丹宫,被称为世界上第一座高层石砌房屋,据说共20层,每层高约5 m,约高100 m,可能采用砂、细石和铅镕在一起砌石建成,四角分别用白、黄、红、黑四色大理石砌成,呈正方形,屋顶由一块高20 m的整块大理石加工而成,后毁于战火。

国外的石结构建筑主要是历史古建筑,虽然现代建筑发展很快,但大量的有历史文化价值的传统石结构建筑还是被很好地保留下来,而且有些至今仍是人们生活、工作或进行宗教活动的场所。

1.4 国外石结构的分布和特点

1.4.1 国外石结构的分布

在国外一些石材丰富、石结构房屋建造成本低的地区,也分布有大量石结构房屋。例如地中海附近的欧洲国家、北非地区、中东地区、东南亚等(图 1.37～图 1.42)。

图 1.37 希腊近代石结构房屋

图 1.38 土耳其典型的石结构房屋

图 1.39 阿尔及利亚六层石结构房屋

图 1.40 印度典型的石结构房屋

图 1.41 尼泊尔典型的石结构房屋　　　图 1.42 尼泊尔民居

　　国外石结构房屋在城市和村镇都有所分布,但是在建筑材料、施工技术、建筑外形、建筑层数等方面有着很大的区别。总体而言,村镇石结构房屋规模比较小,开洞均不大,且通常相对独立;而城市石结构房屋则规模更大,用途更广,且通常相邻的房屋会共享一片横墙。在一些石材丰富的地中海国家,村镇的石砌体房屋通常在两层以内,城市的石砌体房屋则最多可盖到五层。大多数石结构房屋由房主或当地施工人员未经正规设计建造而成的,其中城市石建筑的质量普遍优于村镇石建筑。

1.4.2 主要建筑构件

　　国外石结构房屋常见的楼(屋)盖体系包括石拱、木梁或木桁架和预应力混凝土板。砖或石拱是地中海附近欧洲国家和中东地区典型的楼(屋)盖体系。图 1.43(a)是斯洛文尼亚 20 世纪早期典型的楼盖结构,这种体系中用钢梁支撑砖砌拱(称为平拱体系),图 1.43(b)是斯洛文尼亚 19 世纪典型的砖砌拱。在多层建筑中,平拱一般出现在首层,而木梁体系通常出现在顶层。木屋顶通常是木梁上覆盖木板,填充压载物和楼面瓷砖。比较常见的还有木板和竹条组成的木楼板。热带地区,为了居住者的热舒适度,通常在楼板上覆盖一层厚厚的泥土(图 1.44)。木桁架屋顶在受 2005年巴基斯坦克什米尔地震影响的地区很常见(图 1.45)。很多情况下,木桁架与墙缺少可靠的连接,这对结构的抗震能力有不利的影响。出于抗震性能的考虑,石结构房屋应采用混凝土楼盖来替代原始的楼盖体系。这种建筑已经在意大利和斯洛文尼亚得到了采用。随着混凝土材料和技术的日益完善,混凝土楼盖的使用将越来越多(图 1.46)。

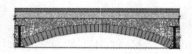
（a）平拱

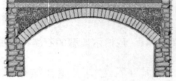
（b）石墙支撑的砖砌拱顶

图 1.43　砖砌拱顶

图 1.44　印度泥土覆盖的木屋盖

图 1.45　2005 年巴基斯坦克什米尔地震受损的木桁架屋盖

图 1.46　巴基斯坦带混凝土屋盖的石砌体房屋

国外石砌体建筑中墙体样式有着很强的地域性。石砌体墙的建造也和当地经济条件、石材质量、砌筑水平和砌筑成本有关。根据石材的种类、规格、排列方式,石墙可以分为三类:随意堆砌的毛石墙、半规则石头堆砌成的石墙、规则石头堆砌成的石墙。

随意堆砌的毛石砌体结构采用的石材形状不规则,包括中小型鹅卵石、圆形光滑的大卵石或矿石(图1.47,图1.48),这种类型结构通常用强度很低的泥浆或石灰砂浆砌筑。墙体有两片外墙,中间用泥浆、小石子和片石填充,通常缺少连接外墙和确保墙体完整所需要的拉结石,厚度通常约为600 mm,最大可加至2 m。

(a) 印度用泥浆砌筑的毛石墙　　　　(b) 尼泊尔在建石墙俯视图

图 1.47　毛石墙

图1.48　意大利用石灰砂浆砌筑毛石墙

21

部分规则石头堆砌成的石墙（图1.49，图1.50）为两片规则外墙之间用碎石和泥土填充的毛石砌体。因此，虽然这种墙体的抗震能力不一定有所提高，但其外观规整。图1.51是随意堆砌的毛石砌体墙与外墙用楔形石材砌筑的部分规则石墙的对比；包括南亚在内的许多地方，外墙采用规则或部分规则石材，内部填充随机的毛石的建筑很常见。世界上很多地区，在随意堆砌的毛石砌体和部分规则石砌体中采用木带或砖带提高墙体的稳定性（图1.52，图1.53），这是尼泊尔、印度、巴基斯坦、土耳其和希腊等地区传统的建筑形式。

图 1.49 瑞士规则石砌体墙

图 1.50 巴基斯坦用河卵石砌筑的外表面规则的石砌体墙

（a）随意堆砌的毛石砌体墙

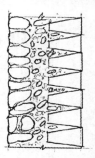

（b）外墙用楔形石材砌筑的半规则石墙

图 1.51

图 1.52 巴基斯坦有木带的
石砌体结构

图 1.53 意大利亚桂拉有
砖带的石砌体墙

规则石砌体是用看起来像立方块的规则石材砌筑而成（图 1.54）。欧洲有大量这种规则石砌体结构。规则石砌体墙中砂浆的质量一般很差，但是由于相邻石块的摩擦力，其抗震性能优于其他类型石砌体结构。这种形式墙体的厚度一般是 300～600 mm。

（a）典型的建筑 　　　　　（b）外墙表面细节

图 1.54 瑞士南部规则石砌体结构

在一些地区，石墙是使用小石块或碎石通过混凝土黏结而成，这种包含小石块的混凝土结构被称为毛石混凝土结构（图 1.55）。

图 1.55　毛石混凝土结构建筑

基础直接承受墙体荷载并将地基和上部结构相连。多数情况下,石墙的基础采用连续石砌基础(图 1.56)。但少数情况下,石墙无基础(图 1.57)。

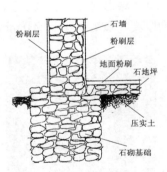

粉刷层
地面粉刷
压实土
石砌基础
石墙
粉刷层
石地坪

图 1.56　石砌基础

图 1.57　石墙无基础

1.4.3　墙体砌筑方式

石砌体结构中使用的石材有多种来源,包括鹅卵石、矿石和毛石。鹅卵石或矿石在使用时通常采用其原本的圆形或不规则的形状(图 1.58);因为要重塑这些石头,不仅技术上不可行,在材料和人力上也不是人们负担得起的。但是某些情况下,石头也可以加工成规则的形状更方便砌筑(图 1.59)。

图 1.58 印度尼西亚传统的石结构建筑中采用的圆形卵石

（a）印度楔形石材 （b）巴基斯坦成型的石材

图 1.59 砌筑石墙采用的半规则石材

石墙是石材通过泥土、石灰砂浆或水泥砂浆砌筑而成,但当石材表面较为平整时,经常采用无砂浆砌筑的"干砌石砌体"(图 1.60)。由于泥土和石灰砂浆的强度很低,很多地区开始用水泥砂浆替代这些材料。

图 1.60 智利典型干砌石砌体房屋

1.5　国内外石结构的区别

　　早期国内石材主要应用于石拱桥,房屋建筑中石材一般作为木构建筑及砖砌建筑的补充或衬托。完整的石结构建筑很少,基本都是模仿木结构的寺庙或塔。而国外早期就出现了大量的纯石结构建筑,这些建筑一般规模宏大、风格多样,采用大块规则石块砌筑而成,并逐步形成了很有特色的石柱、石拱、穹顶等。

　　近期国内石结构建筑主要出现在盛产石材的地区,每个地区居民根据当地的特色和民俗建造了各具特色的石结构房屋。采用的石材一般是料石、卵石或片石等,楼屋盖一般为木质或石质,墙体一般是单片墙体。而近期国外大量的石结构房屋,采用的石材以卵石或不规则的石块为主,墙体的形式大多是夹板墙。

第二章

村镇石结构震害调研和抗震隐患

2.1　国内外村镇石结构震害调研

近年来世界多个地区先后发生多次大地震,在历次地震中,石结构均遭到了严重的破坏。例如,1923 年日本发生 7.9 级关东大地震,东京约有 7 000 幢石结构房屋,大部分遭到严重破坏,其中仅有 1 000 余幢平房可修复使用;1993 年印度马哈拉施特拉邦发生 6.5 级地震,15%的石结构房屋在地震中倒塌;1998 年斯洛文尼亚波维克发生 5.6 级地震,12%的石结构房屋在地震中倒塌;1999 年希腊雅典发生 5.9 级地震,8%的石结构房屋在地震中倒塌;2004 年土耳其杜古拜亚斯发生 5.1 级地震,造成数十人伤亡,上千座石结构房屋倒塌。地震造成石结构房屋破坏倒塌,如图 2.1～图 2.4。

图 2.1　1993 年印度马哈拉施特拉邦地震中破坏的石结构房屋

图 2.2　2001 年印度普吉地震中破坏的石结构房屋

图 2.3　2009 年意大利亚桂拉地区　　图 2.4　2009 年不丹地震中倒塌的
　　　地震中破坏的石结构房屋　　　　　　石结构房屋

我国是世界上遭受地震灾害最严重的国家之一,我国内地5.0级以上成灾地震,绝大多数发生在广大农村和乡镇地区,这使得整体性和抗震性能较差,存在很多抗震隐患的村镇石结构房屋在历次地震中遭到了严重的破坏。例如,1976 年唐山发生 7.8 级地震,由于震级大、震源浅、烈度高、波及面广,导致震灾重、损失大,在我国甚至世界地震史上都是罕见的,大量的石结构房屋在地震中遭到破坏甚至倒塌(图 2.5～图 2.7)。2008 年四川汶川发生 8.0 级地震,是我国自新中国成立以来发生的破坏性最为严重的一次地震,地震中也有大量石结构房屋遭到严重破坏甚至倒塌(图 2.8～图 2.10)。2010 年青海玉树发生 7.1 级地震,居民住房大量倒塌,人民群众生命财产遭受严重损失。

图 2.5　岩口公社一平房窗下为砖墙,基本完　　图 2.6　阜家店一石砌
　　　好,而毛石砌筑的窗间墙大量倒塌　　　　　　外墙平房倒塌

图 2.7　毛石砌筑木骨架老旧民居破坏情况

图 2.8　文县的砾石堆砌墙体塌落

图 2.9　理县甘堡藏寨石结构房屋墙体开裂

图 2.10　理县甘堡藏寨石结构房屋墙体倒塌

总结历次地震中石结构房屋破坏的情况,发现其震害的主要形式和特点可归纳为以下几个方面:

（1）房屋墙角部位破坏(图 2.11)。因为墙角位于房屋尽端,房屋整体作用对它的约束较弱,使该处抗震能力相对降低,因此较易破坏。此外,在地震过程中当房屋发生扭转时,墙角处位移反应较房屋其他部位大,这也是造成墙角破坏的另一个原因。

图 2.11　希腊石结构房屋角部坍塌

（2）墙体平面外倒塌（图 2.12～图 2.16）。墙体平面外倒塌是导致石结构房屋破坏的主要原因之一。当墙体与楼盖、屋盖未设置可靠连接时，地震作用下，各片墙体独立承担地震作用，未形成整体。墙体受到平面内和平面外两个方向的作用，平面外承载能力远低于平面内承载能力。此时，墙体易发生平面外倒塌。在多层石结构房屋中，该现象常发生在地震加速度较大的顶层。

图 2.12　2009 年印度尼西亚地震中石结构房屋墙体平面外倒塌

图 2.13　2001 年印度布吉地震中石结构房屋墙体平面外倒塌

图 2.14 2003 年阿尔及利亚布米尔达斯地震中石结构房屋
顶层墙体平面外倒塌

图 2.15 1988 年尼泊尔地震中
墙体平面外倒塌

图 2.16 巴基斯坦两片平行
墙体平面外倒塌

（3）墙体平面内剪切破坏
（图 2.17，图 2.18）。当墙体整
体性较强，且采用碎石及低强
度砂浆砌筑时，可能造成该破
坏形式。影响墙体平面内抗震
性能的因素很多，包括石材类
型、砌筑方式、砂浆强度、墙体
压应力水平、高宽比等。

图 2.17 石结构房屋墙体平面
内剪切破坏

（a）由洞口角部向外延伸的剪切裂缝　　　（b）窗间墙的剪切裂缝

图 2.18　2005 年巴基斯坦克什米尔地震中石砌体墙剪切破坏

（4）纵横墙连接处破坏（图 2.19，图 2.20）。地震对房屋的作用可能来自任意方向，纵横墙交界处在双向地震作用下，受力复杂，应力集中严重。当设计及施工中如果没有重视和加强纵横墙的连接时，交界处将产生竖向裂缝，甚至导致两片墙体分离。纵横墙之间可靠的连接是提高房屋抗震性能的关键因素，历次震害表明房屋圈梁的设置对结构整体性更为有效（图 2.21，图 2.22）。

图 2.19　1993 年印度马哈拉施特拉邦地震中石结构房屋纵横墙交界处竖向裂缝　　**图 2.20　2009 年印度尼西亚地震中石结构房屋纵横墙连接处墙体分离**

图 2.21　巴基斯坦某带圈梁的 石结构房屋在 2005 年 克什米尔地震中完好 无损

图 2.22　巴基斯坦某带混凝土过梁的石 结构房屋在 2005 年克什米尔地 震中仅受到局部破坏

　　(5) 楼盖与屋盖的破坏(图 2.23,图 2.24)。无论是整浇、装配式楼盖,在地震中很少有因楼盖本身承载力、刚度不足而造成破坏的。整浇楼盖往往由于墙体倒塌而破坏,装配式楼盖则可能因在墙体上的支撑长度过小,或由于板与板之间、板与墙之间缺乏可靠的拉结而塌落。此外石楼盖由于其受弯承载力低且常存在天然裂缝,极易脆断。

(a) 混凝土屋盖　　　　　　　　　　　　　(b) 木屋盖

图 2.23　2005 年巴基斯坦克什米尔地震中石结构房屋因 石墙承载力不足导致屋盖坍塌

图 2.24　2009 年意大利亚桂拉地震中屋盖与墙体有连接措施的房屋

（6）墙体内外层分离（图 2.25～图 2.27）。一些采用夹板墙形式的石砌体墙容易产生墙体内外层分离现象。夹板墙体之间通常采用小石子和碎石以及砂浆填充，外墙则采用大块毛石砌筑。当地震和竖向荷载共同作用下，外墙将产生平面外屈曲，这将导致墙体内外层分离现象的产生。出现该现象的原因为夹板墙中缺乏贯通于两片外墙和内墙的整块石块。此外也与石材类型（毛石、料石）、地震等级及重力荷载大小有关。

图 2.25　1993 年印度马哈拉施特拉邦地震中夹板墙出现内外墙分离现象

图 2.26　2000 年阿尔及利亚地震中石结构夹板墙出现内外墙分离现象

图 2.27　唐山地震某石砌山墙开裂,外饰面剥落,但仍立而未倒

（7）楼梯间墙体。楼梯间墙体在高度方向缺乏有效支撑,空间刚度差,特别是在顶层,墙体高度大、稳定性差,当地震烈度较高时,楼梯间墙体会出现倒塌。

（8）房屋附属物倒塌。突出房屋的小烟囱、女儿墙、门脸、附墙烟囱等附属物,由于与建筑物连接薄弱,且"鞭梢效应"加大了其动力反应,地震时引起大量的倒塌。

2.2　村镇石结构抗震能力现状及隐患

由于石材的脆性性质,其抗拉、抗弯、抗剪等强度都较低,再加上村镇的石结构房屋多数由农村石匠设计和施工,只凭经验,没有进行正规的抗震设计,立面布置不规则,施工方法不合理,结构整体抗震性能较差,导致石结构房屋存在很多抗震隐患。现存的大多数石结构房屋整体性和抗震性能较差,存在"小震成灾,小震大灾"的隐患。地震震害和试验研究表明,采用形状较为规则的料石及平毛石砌筑的房屋抗震性能较好;采用不规则的乱毛石、卵石砌筑的房屋抗震性能较差。这主要是因为形状极不规则的乱毛石和卵石不能咬搓砌筑,墙体的整体性不好,地震作用下容易松散。而浆砌石结构房屋抗震性能一般要比干砌石结构房屋好。部分地区,石结构房屋楼盖采用石梁、石板,甚至石悬桃梁、石板悬挑踏步式楼梯等,对石结构房屋的抗震性能是不利的。

石结构房屋遍及东南沿海地区,针对这一地区的石结构房屋东南大学开展了大量的调研工作。东南沿海地区多是国家规定的地震烈度7度(沿海部分岛屿达8度)抗震设防的地区。但因历史原因,特别是1976年唐山大地震以前我国普遍缺乏建筑物抗震设防的科学观念和法制观念,该地区从20世纪60年代至80年代末建造了大量没有按7度抗震设防标准建的石结构房屋,留下了巨大的隐患,也引起了越来越多人的关注。存在的主要抗震隐患为:

(1)结构体系不合理,多为全石结构(即墙、梁、板和柱均为条石,更有甚者承重墙用乱毛石砌成)尤其是石框架(即用条石作为框架梁和柱)和底层石框架结构,以及"大混合"结构(即同层的砖与石混合、不同层间的砖石混合和砖石钢或砖石木的混合)(图2.28,图2.29)。

图2.28 福建莆田全石结构房屋　　**图2.29 福建莆田在原单层纯石结构房屋上加建砖混结构**

(2)施工与用材不规范,大多数房屋的施工质量和材料强度都达不到要求。施工方面,部分房屋采用干砌甩浆法砌筑而成,砂浆饱满度极低,垫片容易被压碎或移位,砂浆强度过低。也有部分墙体砌筑时,未将料石砌块错开,而导致墙体产生沿竖向灰缝的裂缝。用材方面,有一些墙体为碎石砌筑而成,且砂浆饱满度较低。即使是料石砌筑的房屋,也存在由于年代久远而砂浆强度严重退化的问题,这在地震发生时,可能引起墙体沿灰缝的破坏而导致整个结构的倒塌(图 2.30,图 2.31)。

图 2.30　干砌甩浆法砌筑　　图 2.31　未将料石砌块错开导致墙
　　　　　而成的房屋砂浆　　　　　　　体产生沿竖向灰缝的裂缝

（3）石柱、石梁、石楼板等石制构件普遍,易发生构件脆性破坏或错位。石材的抗压强度高,但其抗拉、抗弯、抗剪等强度都较低,在超过允许值的拉力、剪力、侧压力等荷载效应下,将引起构件脆性破坏,这种破坏形态事先毫无预兆,其危害性极大。由于各个石制构件之间缺少可靠连接,因此相比脆性破坏,构件发生错位更为普遍(图 2.32)。

图 2.32　石梁、石柱、石楼板

（4）几乎所有的石结构房屋均未设圈梁、构造柱和拉结钢筋，房屋的整体性差，纵横墙之间联系薄弱（图 2.33）。

图 2.33　石结构房屋无圈梁、构造柱

（5）条石悬挑构件多且长，既有梁式悬挑又有板式悬挑和悬挑楼梯，悬挑长度达到 2 m，存在极大的安全隐患（图 2.34，图 2.35）。

图 2.34　石结构房屋悬挑梁　　　**图 2.35　石结构房屋悬挑板**

（6）竖向悬挂、叠放构件多，石女儿墙、栏杆、栏板、浮雕、饰物等极为普遍。

（7）基础形式与材料不科学，虽然一般采用刚性条形基础，但大多采用外墙基础较宽而内墙基础较窄；材料一般采用毛石，且无浆砌筑。

第三章
国内外石结构研究现状

近年来,国内外专家学者对石结构进行了一系列的研究工作,研究内容主要包括石材的力学性能、石砌体的基本力学性能、石砌体墙的抗震性能和石结构房屋的抗震性能等。

3.1　石材的力学性能

石材的力学性能是石结构研究的基础。D. V. Oliveira 等对意大利当地的 Montjuic 砂岩进行圆柱体和棱柱体试件的单向荷载和反复荷载试验,发现该石材是一种抗压强度相当高的脆性材料,反复荷载下,石材强度到达峰值后会出现一定程度的刚度退化。该石材的弹性模量与砖材类似,约为 19 GPa,泊松比约为 0.3。试验中也发现了石材的各项力学性能指标均呈现较大的离散型。Em'ilia Juh'asov'a 等和 K. Venu Madhava Rao 等分别对石灰石和花岗岩进行立方体抗压试验研究,也得出类似结论。姜永东等利用 MTS815 岩石材料试验机试验得到了在不同围压下砂岩的应力—应变全过程曲线及曲线上的压密、弹性、应变硬化(塑性)和应变软化(破裂)的 4 个阶段。分析了各阶段岩石的变形特性和围压对岩石强度的影响。根据岩石的变形特性提出以 Duncan 模型为基础的能够描述岩石压密弹塑性和破裂段的单一岩石本构模型。

3.2　石砌体的基本力学性能

石砌体是由石料、胶结材料(硬化的水泥砂浆和砂)及它们之间的连接缝构成,通常把胶结材料和连接缝称之为砌缝。由于胶结材料里,水泥浆的固结硬化和水分蒸发产生干缩,在砌缝里有很多黏结微裂缝。另外,在砌筑过程中,胶结材料内部会有少量孔洞,胶结材料与石料之间也会有少量孔隙。砌缝里的这些微裂隙、孔洞和孔隙是石砌体的薄弱部位。石砌体破坏首先是从这些薄弱部位开始,其次才是胶结材料,最后才是石料。

石砌体破坏的定义可以按开始裂缝、进入屈服、丧失承载能力和变形能力等定义。石砌体的破坏可分为三种基本类型,即受拉型、受剪型和受压型。受拉型是以在砌缝的法向上达到破坏程度为准则;受剪型是以在砌缝切向上达到破坏程度为准则;受压型是以在石砌体里发展成许多小裂缝,在所有方向上均达到破坏程度为准则。

3.2.1　石砌体的抗压、抗拉性能

刘建生等对石砌体试件进行瞬时单向抗压试验,发现当压应力较小时,泊松比较小,刚度增加,压缩变形和剪切变形随应力成非线性增长。随着应力增加,应力与应变呈线性关系,泊松比接近0.2。当应力超过比例极限强度后,出现屈服状态,刚度减弱,石料开始断裂,其对应的应力为屈服强度。当应力超过极限强度后,石砌体开始崩溃解体,承载力降低,应力减小,变形剧增。

刘建生等还对石砌体试件进行瞬时单向抗拉试验,发现当拉应力较小时,砌缝里的微裂缝随应力呈线性关系扩大。拉应力增大,微裂缝开展成裂缝时,构件屈服破坏阶段,断面上屈服极限抗拉强度等于砌缝中的法向凝聚力。石砌体里各砌缝接触面上的凝

聚力与石料和胶结材料种类及强度、砌筑工艺都有关系。

3.2.2 石砌体水平灰缝的抗剪性能

同其他材料砌体结构相比,石砌体结构在遭受外力作用而破坏时石砌体本身破坏程度很小,往往在砂浆和石砌体黏结处被剪坏。灰缝是其薄弱环节,灰缝抗剪性能直接影响着结构的安全性,是结构抗震性能好坏的重要评价指标。当验算地震力、风力、基础沉陷以及温度应力等影响时,往往由水平灰缝的抗剪强度来控制。

通过试验研究得出,水平灰缝抗剪强度与砌筑砂浆强度、竖向压应力、砌筑方式和砌块形式等因素有关。

刘木忠等通过 168 个不同标号、不同种类砂浆及不同砌筑方法的试件,测试了水平灰缝的抗剪强度。发现水平灰缝的抗剪强度主要取决于砂浆与砌块的黏结强度。而砂浆与砌块的黏结强度随砂浆强度的提高而有所提高,但这种提高并非线性关系。其更主要的是取决于施工方法,通过分别采用有垫片铺浆法和无垫片铺浆法砌筑的 138 个试件的试验,发现无垫片料石砌体的抗剪强度比有垫片料石砌体抗剪强度约大 1.68 倍。对试验结果进行回归分析并考虑实际施工时允许的砂浆饱满度,得到灰缝抗剪强度公式。

无垫片砌体:

$$\tau_m = 0.329\sqrt{f_2} \qquad (3-1)$$

有垫片砌体:

$$\tau_m = 0.20\sqrt{f_2} \qquad (3-2)$$

式中　τ_m——灰缝抗剪强度平均值(MPa);

f_2——砂浆抗压强度平均值(MPa)。

施养杭等通过两皮料石叠砌的砌体试件水平灰缝的剪切试验,得出了类似的结论,不同的是灰缝抗剪强度的计算公式

（3-3）、（3-4）。说明各位学者关于砂浆强度和砌筑方法对灰缝抗剪强度的影响的研究结论是一致的，水平灰缝的抗剪强度除随砂浆强度等级的提高而增大外，更主要取决于砌体的砌筑方法，砌筑砂浆越饱满抗剪强度就越高，但是灰缝抗剪强度的计算公式不统一，有待进一步的研究。

无垫片砌体：

$$\tau_m = 0.119\sqrt{f_2} \tag{3-3}$$

有垫片砌体：

$$\tau_m = 0.073\sqrt{f_2} \tag{3-4}$$

上述结论仅考虑了砂浆强度和砌筑方法对灰缝抗剪强度的影响。竖向压应力也是影响灰缝抗剪强度的重要因素。柴振玲等进行了 28 片干砌甩浆砌筑石墙试件的通缝双剪试验。试验结果表明，灰缝抗剪强度随砂浆强度和正应力的增加而增加，砂浆强度对抗剪强度的贡献比压应力明显。但在压应力小于 0.6 MPa 时，压应力对抗剪强度的贡献比砂浆强度明显。其中压应力的作用不仅能够延缓灰缝裂缝出现、提高灰缝抗剪强度，而且能够提高灰缝摩擦滑移阶段墙体的耗能能力。通过回归分析得出干砌甩浆砌筑石砌体灰缝抗剪强度公式。

$$\tau = 0.068\sqrt{f_2} + 0.843\sigma_n \tag{3-5}$$

式中　τ——灰缝抗剪强度（MPa）；

　　　f_2——砂浆抗压强度平均值（MPa）；

　　　σ_n——垂直于灰缝的压应力值（MPa）。

黄群贤等、Paulo B. Lourenco 等和 Nicola Augenti 等的试验研究得出了与柴振玲等的试验研究一致的结论。其中，黄群贤等通过 25 片粗料石干砌甩浆石墙试件的通缝双剪试验，研究砂浆强度和压应力对抗剪强度的影响,提出了与上述公式一致的灰缝抗剪强度计算公式。

上述柴振玲等和黄群贤等的试验研究针对的仅是闽南地区石砌体常见的干砌甩浆砌筑方式,这种砌筑方式因强度低、抗剪性能差,已被禁止使用。针对闽南地区既有石砌体结构常见的粗条石有垫片铺浆砌筑方式,柴振玲通过 12 片粗条石铺浆砌筑石墙试件的通缝双剪试验,研究砂浆强度和压应力对其石墙灰缝的影响。试验结果表明,砂浆强度和压应力的提高均能提高有垫片铺浆砌筑石墙灰缝的抗剪强度,这与干砌甩浆砌筑方式的研究一致,但是根据试验结果提出的灰缝抗剪强度计算公式(3-6)与公式(3-5)有差异;剪压复合作用下,灰缝的弹性变形和摩擦滑移变形随着压应力水平提高而减小,随着砂浆强度的提高呈先增加后减少的趋势。

$$\tau = 0.166\sqrt{f_2} + 0.774\sigma_n \qquad (3-6)$$

近年来,石材的开采和切割加工技术大多数采用机器切割加工,降低了砌筑细料石加工的人工成本。机器切割加工保证了砌筑石材的界面平整度和几何尺寸精度,使得砌筑石墙成本大为降低。同时,采用机器切割条石砌筑的石结构外观质朴、美观大方,无需进一步进行内外装修。建筑砌筑条石正从传统手工粗细料石逐步向机器切割条石过渡。考虑到采用机器切割条石砌筑石墙的灰缝受力性能与传统石墙灰缝存在较大差异,郭子雄等进行了 15 片机器切割条石无垫片砌筑石墙的灰缝双剪试验,研究砂浆强度、压应力和界面处理方式对石墙灰缝抗剪性能的影响。试验结果表明,机器切割条石砌筑石墙灰缝的破坏特征与传统粗料石砌筑石墙的破坏形态相似,均呈现灰缝的剪切滑移破坏;机器切割条石界面的处理方式对灰缝抗剪性能有较大的影响,界面拉槽不仅可以提高灰缝抗剪强度,也可在一定程度上改善灰缝滑移阶段的性能;灰缝的抗剪强度也随压应力水平和砂浆强度的增加而提高,但是计算公式(3-7)、(3-8)与传统石墙灰缝不同。由于较为平滑的机切石材界面不利于灰缝与石材之间的黏结抗剪性能,所以要推广机器切割条石的应用,必须提高机器切割条石砌筑石墙灰缝抗剪性能。郭子雄等的研究对界面处理仅采用了一种拉槽处理形式,其他界面处理工艺对灰缝抗剪强度的影响仍有待进一步研究。

界面拉槽:

$$\tau = 0.191\sqrt{f_2} + 0.978\sigma_n \tag{3-7}$$

界面平滑:

$$\tau = 0.100\sqrt{f_2} + 0.920\sigma_n \tag{3-8}$$

从以上研究可以看出,从仅考虑砂浆强度影响,到考虑砂浆强度和压应力影响的干砌甩浆砌筑石砌体和粗条石有垫片铺浆砌筑石砌体,再到考虑砂浆强度和压应力影响的机器切割条石砌筑石砌体,石砌体水平灰缝抗剪强度的研究取得了很多研究成果。但是由于石砌体的砌筑方式存在一定地域性的差别,已有的研究多数存在一定的局限性。

3.3　石砌体墙抗震性能

石砌体墙在地震作用下的破坏主要表现为墙面出现水平灰缝、斜裂缝、交叉裂缝和竖向裂缝,导致墙体破坏丧失承载力。而砌体水平灰缝的抗剪承载力不足是导致墙体地震作用下破坏的最主要原因。

刘木忠等通过 32 片缩尺墙体的抗侧力试验,均反映出以初始裂缝为标志的弹性极限状态和以斜向踏步裂缝为标志的弹塑性极限状态。对试验结果进行统计分析,得出石砌体墙发生剪切滑移破坏时,沿阶梯形截面破坏的抗震抗剪强度计算公式。

无垫片料石墙：

$$f_{VE} = \left[1.15 + 0.13\left(\frac{\sigma_n}{\tau}\right) \right] \cdot \tau \qquad (3-9)$$

有垫片料石墙：

$$f_{VE} = \left[1.2 + 0.13\left(\frac{\sigma_n}{\tau}\right) \right] \cdot \tau \qquad (3-10)$$

式中　f_{VE}——料石墙抗震抗剪强度设计值（MPa）；

　　　　τ——石砌体抗剪强度设计值（MPa）；

　　　　σ_n——施加于墙体上的竖向压应力（MPa）。

从上述公式可以发现，石砌体墙抗剪强度随着砂浆强度和正压力的增加而增加，这与郭子雄等、施养杭等和 G. Vasconcelos 等的研究结论一致。说明各位学者关于砂浆强度和正应力对石砌体墙抗剪强度的影响的研究结论是一致的。但是施养杭等提出的料石墙砌体的抗震验算时沿阶梯形截面破坏的抗震抗剪强度的表达式(3-11)、(3-12)与刘木忠等得出的公式差异很大（图 3.1，图 3.2）。因此，料石墙砌体抗震抗剪强度的表达式还有待进一步研究。

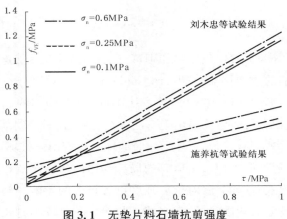

图 3.1　无垫片料石墙抗剪强度

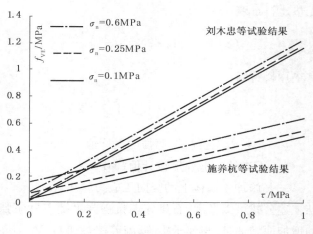

图 3.2　有垫片料石墙抗剪强度

无垫片料石墙：

$$f_{VE} = \left[0.481 + 0.264 \left(\frac{\sigma_n}{\tau} \right) \right] \cdot \tau \qquad (3\text{-}11)$$

有垫片料石墙：

$$f_{VE} = \left[0.465 + 0.261 \left(\frac{\sigma_n}{\tau} \right) \right] \cdot \tau \qquad (3\text{-}12)$$

除了砂浆强度、正压力和砌筑方式,高宽比也是影响石砌体墙抗震性能的重要因素。Chiara Calderini 等在对比分析大量文献及理论模型的基础上提出:高宽比不同,石墙砌体的破坏形式不同,高宽比较大时墙体易出现弯曲破坏,高宽比较小时墙体易出现基础滑移剪切破坏,高宽比适中时墙体易出现斜压破坏,而正应力较大时,还可能出现墙角压碎的局部受压破坏。高宽比除了对墙体破坏模式有影响外,对抗剪强度也有显著的影响。施景勋等利用低周反复荷载试验,发现当墙高相等,σ/f_v 较小时长墙的抗剪强度比短墙大，σ/f_v 较大时长墙的抗剪强度比短墙小，$\sigma/f_v =$ 18.1 为分界点。但是以往关于高宽比对石砌体墙抗震性能影响的研究很有限，仅定性分析了其影响。因此，高宽比对石砌体墙抗震性能特别是墙体抗剪强度的影响需要进行更全面、细致的研究。

由于各地石砌块类型和建筑特色的不同，石砌体墙的形式各不相同。除了无垫片铺浆法砌筑和有垫片铺浆法砌筑的普通料石墙外，还包括机器切割料石墙、碎石墙及夹板墙。郭子雄等通过3片机器切割料石无垫片砌筑石墙和1片粗料石干砌甩浆砌筑石墙的低周反复荷载试验，分析了不同砌块形式和砌筑方法墙体的力学特性。试验结果表明，同干砌甩浆石墙相比，机器切割无垫片石墙的极限荷载有较大幅度提高。且对比同时设置U形钢筋剪力键和水平配筋与仅在灰缝设置U形钢筋剪力键的两种砌筑灰缝增强方式，发现其对墙体承载力影响不大，但能够提高墙体的变形和耗能能力。G. Vasconcelos 等也针对不同砌筑方式的墙体进行研究，他对23片石砌体墙进行平面内单调荷载和低周反复荷载试验研究。其中墙体类型包括机器切割砌块但不含砂浆的干砌墙、普通砌块且包含砂浆的非规则砌块墙及碎石组成且包含砂浆的碎石墙。他发现随着砌块不规则性的增大及轴向压力的增大，墙体的延性减小。碎石墙和非规则砌块墙体的耗能能力明显高于干砌墙。Luigia Binda 等在总结意大利石结构抗震研究成果的基础上，提出夹板墙与其余墙体相比，最重要的是保证墙体的完整性，防止出现局部破坏而导致整个墙体的倒塌。

余建星等基于石砌墙体的拟动力实验、工程实践及震害经验，提出石砌体结构的抗震设计方法。一般可只考虑水平地震作用并采用底部剪力法来计算地震作用，层间墙段抗侧力等效刚度根据墙段的高宽比来确定，横向地震剪力可视为全部由相应楼层的横墙承担，按各道墙体的抗侧力等效刚度比例考虑。

石砌体墙抗震性能的好坏主要取决于其延性和耗能能力。郭子雄等通过 5 片干砌甩浆石墙试件的低周水平反复荷载试验研究了条石墙的抗震性能。发现石砌体虽然是一种脆性结构,但仍具有一定的延性,干砌甩浆石墙的延性同砌筑砂浆强度和竖向压应力水平有着密切的关系,石墙在低应力下具有较好延性且墙体延性随着砂浆强度的提高而提高,随着压应力的增大而减少。由于条石灰缝存在较大的摩擦耗能能力,石墙在弹塑性阶段的滞回环并非工程界通常认为的类似砖砌体的滑移捏拢型,而是类似于延性弯曲破坏的梭形(图 3.3)。试验所揭示的石墙较好的滞回耗能性能改变了工程界对石墙抗震性能的认识。

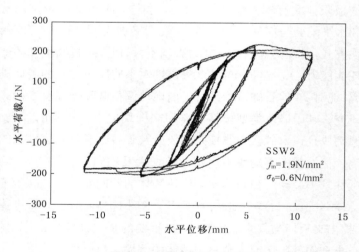

图 3.3　石墙典型滞回曲线

3.4　石结构房屋抗震性能

料石结构房屋的抗震性能与其动力特性有着直接的关系,

尤其在分析地震反应时,需确定其周期、阻尼和振型等动力特性。施养杭对闽南地区 30 幢 2～5 层料石房屋采用脉动测试进行其动力特性实测。结果表明,料石结构房屋与砖结构房屋和其他砌体房屋的基本周期大致相当,横向为 0.19～0.41 s,纵向为 0.183～0.43 s,同属于短周期,其平均阻尼比大于 5%,比多层砖房及多层砌块房屋的抗震能力更有利。在计算多层料石房屋的地震反应时,取 5% 的阻尼比是较为合适的。因为料石房屋属于刚性结构,周期较短,故在计算地震作用时,仅考虑它的基本振型,一般多层料石房屋基本振型近似于悬臂梁的剪切振动。

为了从整体上评价石砌体结构的抗震性能,李德虎等通过两幢单层足尺石结构房屋模型的振动台试验,分析了石结构房屋在模拟地震作用下的抗震性能。试验结果表明,石结构房屋的破坏机理与普通砖砌体房屋基本类似,地震的水平作用主要靠灰缝间的剪摩机制来抵抗,采用低强度砂浆砌筑的单层石结构房屋由于这种剪摩作用的存在,具有相当的抗震能力,对于 7 度设防区,一般多遇地震时不会破坏,在罕遇地震时不致倒塌。其中门窗洞口对石砌体抗震能力有严重影响,是造成石结构房屋抗震能力低的主要原因。

希腊及保加利亚结构研究所对 7 个 1∶2 缩尺粗料石砌体结构模型进行振动台试验。为模拟现有建筑真实的情况,设计砂浆质量较差,未考虑纵横墙可靠连接,楼盖为木梁支撑的木楼盖。研究发现,在地震作用下纵横墙的连接处和门窗角部会最先出现裂缝并逐步开展,最后将影响房屋的整体性能,研究认为墙体的完整性和纵横墙之间的连接是石结构房屋抗震的关键点。在中度地震下,模型因墙体分离而倒塌(图 3.4)。

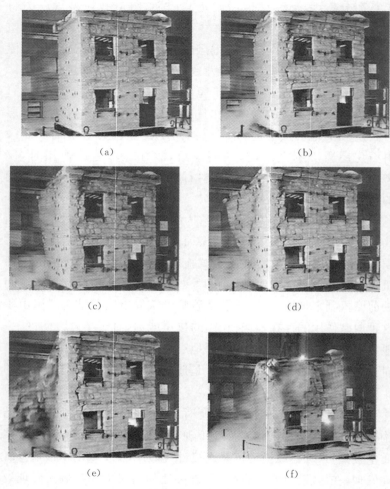

(a) (b)

(c) (d)

(e) (f)

图 3.4 破坏过程

此外,巴基斯坦西北工程技术大学研究了增加水平连梁和构造柱对结构完整性和纵横墙连接的影响。为此,该大学对 3 个 1∶3 单层缩尺石砌体结构模型进行了振动台试验。试验表明,在相同的地震荷载作用下,三个模型的反应不同。水泥砂浆砌筑的规则石砌体墙和混凝土屋盖组成的砌体模型 S_1,在很低的振动加速度下倒塌,当地面最大加速度达到 $0.22g$ 时屋盖和墙体分离,丧失整体性(图 3.5)。这种破坏属于脆性破坏。泥灰浆砌筑的毛石墙和用泥土覆盖的木屋盖组成的砌体模型 S_2,在纵横墙交界处设置混凝土构造柱,使得 S_2 的承载力和变形能力有轻微提高。然而,其并不能提高结构整体性能,当地面最大加速度达到 $0.16g$ 时模型中度破坏,达到 $0.26g$ 时严重破坏。S_3 与 S_2 类似,在窗口处中增加了水平连梁,地面最大加速度达到 $0.27g$ 时仍保持较好的整体性,表现出较好的抗震性能(图 3.6)。可以看出,增设混凝土构造柱可以提高结构的抗震性能,增加水平连梁对维持结构的整体性是有效的。

图 3.5 试验结束时 S_1 的破坏形态　　图 3.6 试验结束时 S_3 的破坏形态

第四章

村镇石结构材料的基本性能

4.1 石材

石材可分为天然石材和人造石材两大类。天然石材是指从天然岩石中开采的未经加工或加工制成块状、板状或特定形状的材料。岩石在地表分布很广,蕴藏量极其丰富。天然石材具有较高的抗压强度,良好的耐久性和耐磨性。天然石材是最古老的土木工程结构材料,意大利的比萨斜塔、古埃及的金字塔、古希腊的太阳神庙以及我国河北安济桥、福建泉州的洛阳桥等,均为著名的古代石结构建筑。时至今日,天然石材由于脆性大、抗拉强度低、自重大,石结构房屋抗震性能差,以及岩石开采加工困难等原因,作为建筑结构材料,已逐步被混凝土材料取代。但在一些石材储量丰富的村镇地区,依然有使用石材作为建筑结构材料的传统。人造石材是人工制造的外观及性能酷似天然石材的建筑材料。人造石材仅有60年的发展历史,具有质量轻、强度高、耐腐蚀、价格低和施工方便等优点。如无特殊说明,本书所指的石材均为天然石材。

4.1.1 岩石的类别及建筑石材

4.1.1.1 岩石的形成与分类

天然岩石根据其形成地质条件的不同,可分为岩浆岩、沉积岩和变质岩三大类。

（1）岩浆岩

岩浆岩又称火成岩。它是地壳深处的熔融岩浆上升到地表附近或喷出地表经冷凝而成。岩浆岩是组成地壳的主要岩石，占地壳总体积的 65％。根据岩浆冷却情况的不同，岩浆岩又可分为深成岩、喷出岩和火山岩三种。

深成岩是岩浆在地壳深处受很大的上部覆盖压力的作用，缓慢且较均匀地冷却而成的岩石。其特点是矿物全部结晶且晶粒较粗，呈块状构造，构造致密；且有抗压强度高，吸水率小，表观密度大和抗冻性、耐磨性、耐水性好等特点。石结构房屋中常用的花岗岩料石即为深成岩的一种。

喷出岩是岩浆喷出地表后，在压力骤减、迅速冷却的条件下形成的岩石。其特点是大部分结晶不完全，多呈细小结晶（隐晶质）或玻璃质结构。建筑上常用的喷出岩有玄武岩、辉绿岩、安山岩等。

火山岩是火山爆发时，岩浆被喷到空中，经急速冷却后落下而形成的岩石。其特点是表观密度较小，呈多孔玻璃质结构。土木工程中常用的火山岩有火山灰、浮石、火山凝灰岩等。

（2）沉积岩

沉积岩又称水成岩，是由露出地表的各种岩石（母岩）经自然风化、风力搬迁、流水冲击等作用后再沉淀堆积，在地表及离地表不太深处形成的岩石。沉积岩为层状构造，其各层成分、结构、颜色、层厚均不相同。与岩浆岩相比，沉积岩的表观密度较小，密实度较差，吸水率较大，强度较低，耐久性也较差。土木工程中用途最广的石灰岩即是沉积岩的一种。

（3）变质岩

变质岩是由岩浆岩或沉积岩在地壳运动过程中，受到地壳内部高温、高压的作用,使岩石原来的结构发生变化,产生熔融再结晶作用而形成的岩石。通常沉积岩变质后,结构较原岩致密,性能变好;而岩浆岩变质后,构造不如原岩坚实,性能变差。建筑上常用的变质岩包括大理岩、石英岩、片麻岩等。

4.1.1.2 建筑石材及其性能

应用于建筑领域的岩石很多,主要有花岗岩、大理岩和石灰岩等。

(1)花岗岩

花岗岩是岩浆岩中分布较广的一种岩石,有时也称麻石。花岗岩具有致密的结晶和块状构造。其颜色一般为灰白、微黄、淡红等。由于结构致密,其孔隙率和吸水率很小,表观密度大(2 500～2 800 kg/m³),抗压强度高(120～250 MPa),吸水率低(0.1%～0.2%),抗冻性好(F100～F200),耐风性和耐久性好,建筑使用年限为75～200 年,高质量的可达1 000 年以上。在高温作用下,花岗岩内部石英晶型将转变膨胀而引起破坏,因此,其耐火性较差。在建筑工程中花岗岩常作用于基础、闸坝、桥墩、台阶、路面、料石砌块和勒脚及纪念性的建筑物等。

花岗岩岩体在我国约占国土面积的 9%,达 $80×10^4$ km² 以上,尤其是东南地区,大面积裸露各类花岗岩体,可见其储量之大。据不完全统计,我国花岗岩石约有 300 多种。

(2)玄武岩、辉绿石

玄武岩是喷出岩中最普遍的一种,颜色较深,常呈玻璃质或隐晶质结构,有时也呈多孔状或斑形构造。硬度高,脆性大,抗风化能力强,表观密度为2 900～3 500 kg/m³,抗压强度为 100～500 MPa。常用作高强混凝土的骨料,也用其铺筑道路路面等。玄武岩在我国分布极广,在福建、河南、湖北和安徽等省份均发现大量玄武岩矿产。

辉绿岩主要由铁、铝硅酸盐组成。具有较高的耐酸性,可用做耐酸混凝土的骨料。其熔点为 1 400℃～1 500℃,是化工设备耐酸衬里的良好材料。贵州、浙江、河南和山西等省份是辉绿岩的主要产地。

（3）石灰岩

俗称灰石或青石。主要成分为 $CaCO_3$。通常石灰岩中含有多种成分,因此石灰岩的化学成分、矿物组成、致密程度和物理性质差异甚大。通常石灰岩为灰白色或浅灰色,常因含有杂质而呈现深灰、灰黑、浅红等颜色,表观密度为 2 600～2 800 kg/m³,抗压强度为 20～100 MPa,吸水率为 2%～10%。当岩石中黏土含量不超过 3%～4%时,其耐水性和抗冻性较好。石灰岩来源广,硬度低,易劈裂,便于开采,具有一定的强度和耐久性,因而广泛用于建筑工程中。其块石可做基础、墙身、阶石及路面等,其碎石常用作混凝土骨料。此外,它也是生产水泥和石灰的主要原料。

（4）砂岩

砂岩主要是由石英或石灰石等细小碎屑经沉积并重新胶结而成的岩石。它的性质取决于胶结物的种类及胶结的致密程度。以氧化硅胶结成的称为硅质砂岩,以碳酸钙胶结而成的称为钙质砂岩,此外还有铁质砂岩和黏土质砂岩。致密的硅质砂岩性能接近于花岗岩,可用于纪念性建筑及耐酸工程等;钙质砂岩的性质类似于石灰石,抗压强度为 60～80 MPa,易加工,应用较广,可用作基础、踏步、人行道等,但耐酸性差;铁质砂岩的性能比钙质砂岩差,其致密者可用于一般建筑工程;黏土质砂岩浸水易软化,建筑工程中一般不用。我国砂岩主要分布在四川内江及云南地区。

（5）大理岩

大理岩又称大理石、云石,是由石灰岩或白云岩经高温高压作用,重新结晶变质而成。大理岩石质细腻、光泽柔润、绚丽多彩,磨光后具有良好的装饰性。大理岩的表观密度为2 500～2 700 kg/m³,抗压强度为 50～140 MPa,莫氏硬度为 3～4,使用年限为30～100年。大理石构造致密,表观密度大,但硬度都不大,易于切割、雕琢和磨光,可用于高级建筑物的装饰和饰面工程。

我国大理岩产地遍布全国,其中以云南大理县点苍山最为著名。此外,北京房山、广东、福建和江苏等多个省份都产有各种大理岩。

(6) 片麻岩

片麻岩是由花岗岩变质而成,内部组成呈片状构造,因而各个方向的物理、力学性质不同。在垂直于片层方向有较高的抗压强度(120～200 MPa),沿片层方向易于开采加工。抗冻性差,易于风化。常用作碎石、块石及人行道石板等。我国于安徽西南部、河北太行山区等地区发现片麻岩。

4.1.2　石材的技术性质

石材的技术性质取决于其组成矿物的种类、特性及其构造形式,包括物理性质和力学性质。

4.1.2.1　物理性质

石材的物理性质包括反映其内部组成结构状态的物理常数,以及反映受温度和水等自然因素作用的物理指标。

(1) 表观密度

石材表观密度与其矿物组成和孔隙率有关。致密的石材,如花岗岩、大理石等,其表观密度接近于其密度,约为2 500～3 100 kg/m³;孔隙率较大的石材,如火山凝灰岩、浮石等,其表观密度约为 500～1 700 kg/m³。其中,表观密度大于1 800 kg/m³ 的石材称为重石,表观密度小于1 800 kg/m³ 的石材称为轻石。

（2）吸水性

石材的吸水性主要与其孔隙率特征有关。深成岩以及许多变质岩孔隙率都很小，因而吸水率也很小。沉积岩由于形成条件的不同，胶结情况和密实程度也不同，因而孔隙率与空隙特征的差别较大，其吸水率波动也很大。石材的吸水性对强度和耐久性有很大影响，石材吸水后会降低颗粒之间的黏结力，使结构减弱，从而降低其强度。吸水性还影响其他一些性质，如导热性、抗冻性等。

（3）耐水性

根据软化系数（K）的大小，石材的耐水性可分为高、中和低三等，$K > 0.90$ 的石材为高耐水性石材，K 在 $0.70 \sim 0.90$ 之间的为中耐水性石材，K 在 $0.60 \sim 0.70$ 之间的石材为低耐水性石材。一般作为承重结构的石材软化系数 K 不得小于 0.80。

（4）抗冻性

石材的抗冻性与其矿物组成、晶粒大小及分布均匀性、天然胶结物的胶结性质有关。石材在水饱和状态下，经规定次数的反复冻融循环，若无贯穿裂纹且质量损失不超过 5%、强度损失不超过 25% 时，则为抗冻性合格。

（5）耐火性

石材的耐火性取决于其化学成分及矿物组成。含有石膏的石材，在 $100℃$ 以上时开始破坏；含有碳酸镁的石材，当温度高于 $625℃$ 时会发生破坏；含有碳酸钙的石材，温度达到 $827℃$ 时开始破坏。由石英和其他矿物所组成的结晶石材，如花岗岩等，当温度达到 $700℃$ 以上时，由于石英受热发生膨胀，强度会迅速下降。

（6）导热性

石材的导热性主要与表观密度和结构状态有关，重质石材导热系数可达 $2.91 \sim 3.49$ W/(m·K)。相同成分的石材，玻璃态比结晶态的导热系数低。

4.1.2.2 力学性质

土木工程中所用的石材除上述物理性质影响外,还受到外力的作用。因此,石材还具有一定的力学性质。

(1) 抗压强度

石材的强度取决于造岩矿物及岩石的结构和构造。《砌体结构设计规范》(GB 5003—2011)规定,砌筑用石材的抗压强度是以边长 70 mm 的立方体抗压强度值表示。根据抗压强度值的大小,石材共分为七个强度等级: MU100、MU80、MU60、MU50、MU40、MU30、MU20。

(2) 冲击韧性

天然岩石的抗拉强度比抗压强度小得多,约为抗压强度的 1/20～1/10,是典型的脆性材料。其冲击韧性决定于其矿物组成与结构。通常,晶体结构的岩石较非晶体结构的岩石韧性好。有些石材如石英岩等具有较高的脆性,而其他岩石如辉绿岩等则具有相对较好的韧性。

(3) 硬度

岩石的硬度以莫氏或肖氏硬度表示,取决于岩石组成的矿物与构造。凡由致密、坚硬矿物组成的石材,其硬度较高。一般抗压强度高的岩石,硬度也很大。岩石的硬度越大,其耐磨性和抗刻划性能就越好,但表面加工越困难。

(4) 耐磨性

耐磨性是指石材在使用条件下抵抗摩擦、边缘剪切以及冲击等复杂作用的性质。石材的耐磨性以单位面积磨耗量表示。石材耐磨性与其组成矿物的硬度、结构、构造特征以及石材的抗压强度和冲击韧性有关。组成矿物越坚硬、构造越致密、石材抗压强度越高、冲击韧性越好,则石材的耐磨性越好。

4.1.3 村镇石结构房屋所用石材

根据《砌体结构设计规范》(GB 50003—2011)和《镇(乡)村建筑抗震技术规程》(JGJ 161—2008),建造村镇石结构房屋所采用石材应符合下列要求:

石材应质地坚实,无风化、剥落和裂纹。石材按其加工后的外形规则程度,可分为料石和毛石。料石是指经人工斩凿或机械加工成规则六面体的块石,料石砌块尺寸及表面粗糙度应符合以下规定:①细料石:经过细加工,表面规则,叠砌面凹入深度不应大于10 mm,截面的宽度、高度不宜小于 200 mm,且不宜小于长度的1/4;②粗料石:规格尺寸同上,但叠砌面凹入深度不应大于 20 mm;③毛料石:外形大致方正,一般不加工或稍加修整,高度不应小于 200 mm,叠砌面凹入深度不应大于 25 mm。毛石是指形状不规则,中部厚度不应小于 200 mm 的块石。根据其外形又可分为乱毛石和平毛石两种。前者是指各个面的形状均不规则的块石,后者指上、下两个面大致平行,且该两平面的尺寸远大于另一个方向尺寸的块石。有抗震设防要求的地区,石墙应采优先采用料石砌筑,但受到条件所限时,也可采用平毛石砌筑。图 4.1 为福建漳州地区料石砌块。

图 4.1 福建漳州地区料石砌块

4.2　砌筑砂浆

砂浆是由胶结料、细骨料、掺合料和水按适当比例配制而成的工程材料,在建筑工程中起黏结、衬垫和传递应力的作用。按胶凝材料的不同,砂浆可分为水泥砂浆、水泥混合砂浆、石灰砂浆、石膏砂浆及聚合物水泥砂浆等。按用途的不同,砂浆可分为砌筑砂浆、抹面砂浆、装饰砂浆以及保温砂浆等。砌筑砂浆是将砌筑块体(砖、石、砌块等)黏结成整体的砂浆。砌筑砂浆的强度与砌体的性能有着直接联系,是砌体的重要组成部分。

4.2.1　砌筑砂浆的组成材料

（1）胶结材料

砌筑砂浆常用的胶凝材料有水泥、石灰膏、建筑石膏等。胶凝材料的选用应根据砂浆的用途及使用环境决定,干燥环境可选用气硬性胶凝材料,对处于潮湿环境或水中用的砂浆,应选用水硬性胶凝材料。

由水泥、砂和水按一定配比制成的砂浆称为水泥砂浆。为改善砂浆和易性,降低水泥用量,往往在水泥砂浆中掺入部分石灰膏、黏土膏或粉煤灰等掺和物,这样配制的砂浆称为水泥混合砂浆。配制砌筑砂浆时,水泥强度等级宜为砂浆强度的 $4\sim5$ 倍。按《砌筑砂浆配合比设计规程》(JGJ T98—2010)要求,M15 及 M15以下强度等级水泥砂浆所用水泥强度等级不宜大于 32.5 级,且水泥用量不应小于 $200\ kg/m^3$;混合砂浆用水泥不宜大于 42.5 级,且水泥和掺合料总量宜为 $300\sim350\ kg/m^3$。

（2）细骨料

砂浆用细骨料主要为天然砂,并应符合《建筑用砂》(GB/

T14684)的技术要求。由于砂浆层较薄,对砂子最大粒径有所限制。砌筑表面粗糙度较大的粗料石、毛料石和毛石砌体宜选用粗砂,砌筑表面较平整的细料石砌体宜选用中砂。

砂子的含泥量过大,不但会增加砂浆的水泥用量,还可能使砂浆的收缩值增大、耐水性降低,影响砌筑质量。M5 及以上的水泥混合砂浆,如砂子的含泥量过大,则对强度影响比较明显。因此,对 M5 及以上的砂浆,砂子的含泥量不应超过 5%。强度等级为M2.5 的水泥混合砂浆,砂子的含泥量不应超过 10%。

（3）水

掺合砂浆用水与混凝土用水的要求相同,应选用不含有害杂质的洁净水来搅拌砂浆,具体要求详见《混凝土拌合用水标准》（JGJ 63）。

（4）外加剂

为改善砂浆的某些性能,以更好地满足施工条件和适用功能的要求,可在砂浆中掺入一定种类的外加剂。外加剂的使用应符合《砌筑砂浆增塑剂》（JGT 164）的规定。

4.2.2　砌筑砂浆的技术性质

（1）密度

按《砌筑砂浆配合比设计规程》（JGJ T98—2010）要求,砌筑砂浆拌合物的密度要求为:水泥砂浆不小于 1 900 kg/m³,混合砂浆不小于 1 800kg/m³。

（2）和易性

新拌砂浆应具有良好的和易性,以便在石块上铺成均匀薄层,且能与石块紧密黏结。和易性包括流动性和保水性两方面要求。

砂浆的流动性是指砂浆在自重或外力作用下产生流动的性

质,也称稠度。流动性用砂浆稠度测定仪测定,以沉入量(mm)表示。影响砂浆稠度的因素很多,如胶凝材料的种类及用量、用水量、砂子粗细和粒形、级配、搅拌时间等。根据《镇(乡)村建筑抗震技术规程》(JGJ 161—2008)和《砌体工程施工及验收规范》(GB 50203—2002)规定,砌筑无垫片石砌体的砂浆稠度可控制在 10~30 mm,砌筑有垫片石砌体的砂浆稠度可控制在 40~50 mm,并可根据气候情况进行适当调整。

保水性是指新拌砂浆保持其内部水分不泌出流失的能力。砂浆的保水性与胶结材料的类型和用量、细骨料的级配、用水量以及外加剂等因素有关。加入适量的石灰膏和外加剂可提高水泥砂浆的保水性。砂浆的保水性用砂浆分层筒测定,以分层度(mm)表示。砌筑时,分层度宜控制在 10~30 mm 之间。

(3)强度和强度等级

砂浆以抗压强度作为其强度指标。砌筑石结构房屋时,采用砌筑材料相同的材料作为试件底模,制取标准试件尺寸为 70.7 mm×70.7 mm×70.7 mm,一组 6 块,标准养护至 28 天,测定其抗压强度平均值(MPa)。砌筑石结构房屋的砂浆按抗压强度划分为 M7.5、M5、M2.5。

砂浆的强度除受砂浆本身组成材料及配比的影响外,还与基面材料的吸水率有关。对于水泥砂浆砌筑的石结构房屋,影响砂浆强度的主要因素为水泥强度和水灰比。可按下式计算:

$$f_{\mathrm{m}} = 0.29 f_{\mathrm{ce}} \left(\frac{c}{w} - 0.40 \right) \tag{4-1}$$

式中　　f_{m}——砂浆 28 天抗压强度(MPa);

　　　　f_{ce}——水泥的实测强度(MPa);

　　　　$\dfrac{c}{w}$——灰水比。

（4）凝结时间

砌筑砂浆凝结时间，以贯入阻力达到 0.5 MPa 为评定依据。水泥砂浆不宜超过 8 h，水泥混合砂浆不宜超过 10 h，加入外加剂后应满足设计和施工的要求。

（5）黏结力

石砌块是通过砂浆黏结成一个坚固整体的。因此，为保证砌体的强度、耐久性和抗震性能等，要求砂浆与石砌块之间应有足够的黏结力。一般情况下，砂浆抗压强度越高，它与石砌块的黏结力越强。同时，在粗糙、洁净、湿润的石材上，砂浆黏结力较强。

（6）变形性

砂浆在承受荷载、温度变化或湿度变化时，均会产生变形。如果变形过大或不均匀，则会降低砌体的质量，引起沉陷或裂缝。轻骨料配制的砂浆，其收缩变形要比普通砂浆大。

（7）抗冻性

在有抗冻作用影响的环境中使用的砂浆，要求具有一定的抗冻性。抗冻性可由冻融试验测定。具有冻融循环次数要求的砌筑砂浆，经冻融试验后，质量损失率不得大于 5%，抗压强度损失率不得大于 25%。

4.2.3　砌筑砂浆的选用

建筑常用的砌筑砂浆有水泥砂浆、水泥混合砂浆和石灰砂浆等，工程中应根据砌体种类、砌体性质及所处环境条件等进行选用。通常基础选用水泥砂浆砌筑，地面以上部分采用水泥混合砂浆砌筑，石灰砂浆只能用于平房或临时性建筑。

4.2.4　水泥砂浆配合比设计

砌筑砂浆配合比的设计，应根据原材料的性能和砂浆的技术要求及施工水平进行计算并经试配后确定。砌筑砂浆配合比设计应符合《砌筑砂浆配合比设计规程》(JGJ/T 98—2010)对新拌砂浆的要求，同时也应尽量减少水泥和骨料的用量，减少砂浆的成本。

（1）试配强度的确定

砂浆的试配强度应按公式(4-2)计算：

$$f_{m,0} = kf_2 \qquad (4\text{-}2)$$

式中　$f_{m,0}$——砂浆的试配强度(MPa)，应精确至 0.1 MPa；

　　　f_2——砂浆强度等级值(MPa)，应精确至 0.1 MPa；

　　　k——系数，根据施工水平取值。当施工水平优良时，k 取为 1.15；当施工水平一般时，k 取为 1.20；当施工水平较差时，k 取为 1.25。

（2）水泥砂浆配合比选用

根据试配强度，现场配置的水泥砂浆中各材料的用量可直接查表 4.1 选用。

表 4.1　每立方米水泥砂浆中各材料用量(kg/m³)

强度等级	水泥	砂	用水量
M2.5～M5	200～230		
M7.5	230～260	砂的堆积密度值	270～330
M10	260～290		

注：1. 表中水泥强度等级为 32.5 级。
　　2. 当采用细砂或粗砂时，用水量分别取上限或下限。
　　3. 砂浆稠度小于 70 mm 时，用水量可取下限。
　　4. 施工现场气候炎热或干燥季节，可酌量增加用水量。

（3）砌筑砂浆配合比试配、调整与确定

砂浆在经计算或选取初步配合比后，应采用实际使用的材料进行试配，测定拌和物的稠度和分层度，当和易性不满足要求时，应调整材料用量，直到符合要求为止。将其确定为试配时的砂浆基准配合比。试配时至少应采用三个不同的配合比,其中一个配合比应为按本规程得出的基准配合比,其余两个配合比的水泥用量应按基准配合比分别增加及减少 10%。砂浆试配时稠度应满足施工要求,并按《建筑砂浆基本性能试验方法标准》(JGJ/T 70)分别测定不同配合比砂浆的表观密度及强度;并应选定符合试配强度及和易性要求、水泥用量最低的配合比作为砂浆的试配配合比。

4.3 石砌体

石砌体是由石料胶结材料及它们之间的连接缝构成,通常把胶结材料和连接缝称为砌缝。由于胶结材料里,砂浆的固结硬化和水分蒸发产生干缩,在砌体里有很多黏结微裂隙。另外,在砌筑过程中,胶结材料内部会有少量孔洞,胶结材料与石砌体之间也有少量空隙。砌缝里的这些微裂隙、孔洞和空隙是石砌体的薄弱部位。石砌体破坏首先从这些薄弱部位开始,其次才是胶结材料,最后为石材。由于石材的破坏有极强的脆性,故石砌体的破坏通常也表现出明显的脆性。

石砌体破坏类型可分为三类,即受拉型、受剪型和受压型。受拉型是在砌缝的法向达到破坏程度,受剪型是在砌缝切向达到破坏程度,受压型是在石砌体内部发展成小裂缝,在所有方向上均达到破坏程度。这三种类型还可组成复合破坏类型,如石砌体在剪力和压力同时作用下,破坏模式既包含受剪破坏的特征,也包含受压破坏的特征,表现为剪压型。

4.3.1 石砌体的受压性能

4.3.1.1 石砌体受压破坏模式

对石砌体试件进行瞬时单向受压试验,结果表明:石砌体在压力作用下破坏可分为三个阶段。

第一阶段:初始阶段,石砌体微裂隙处于调整闭合阶段,刚度逐渐增加。这一阶段石砌体的泊松比较小,在 0.1 以下。这一阶段的终点应力相当于最终极限强度的 20% 左右。

第二阶段:随着应力的增加,应力与应变成近似线性关系,泊松比在 0.2 与 0.3 之间,石砌体处于近似弹性阶段,这一阶段的终点应力为比例极限强度,其值相当于最终极限强度的 90% 以上。

第三阶段:应力超过比例极限强度后,进入破坏阶段。这一阶段的主要特征是刚度减弱,石料开始断裂,体积膨胀(图 4.2)。在这一阶段里应力所达到的最大值即为最终极限强度。石砌体到达极限强度后开始崩溃解体,承载能力瞬间降低,应力变小,变形急剧增加。直到最后石材出现贯通的竖向裂缝,完全失去承载能力。

图 4.2 石砌体轴心受压破坏

图 4.3 所示为典型石砌体受压时应力应变曲线。图中,σ_r 表示压应力,R_{or} 表示极限强度,ε_r 表示压应变,ε_{or} 表示极限强度时应变。

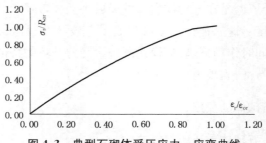

图 4.3 典型石砌体受压应力—应变曲线

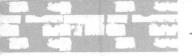

4.3.1.2　影响石砌体抗压强度的因素

影响石砌体抗压强度的因素有：石砌块强度和块体类别、砂浆的物理和力学性能、石砌体的砌筑方式及砌筑质量等。

（1）石砌块强度和块体类别

石砌块形式和强度是影响砌体抗压强度的主要因素。石砌体中的石砌块处于复杂的应力状态，而石砌块的抗剪、抗弯强度远低于抗压强度，在剪应力或弯曲应力较大处易产生裂缝。因此提高石砌块的抗剪、抗弯强度可明显提高石砌体的抗压强度。由于加大块体抗弯刚度可以提高砌体的抗压强度，故砌体强度随着块体厚度的增加而增加，而随着块体长度的增加而降低。故规范规定石砌块长度宜为高度的 2～3 倍，且不宜超过高度的 4 倍。

根据石砌块形状和表面粗糙度的不同，可分为料石及毛石两种，砌筑料石又分为细料石、粗料石和毛料石。由于形状和表面粗糙程度不同，石砌块与砂浆的黏结能力也不同，故抗压性能也有着较明显的差异。试验表明，砌块形状越规则，石砌体抗压强度越高；砌块表面越平整，石砌体抗压强度越高。且毛石砌体抗压强度远低于料石砌体的抗压强度，仅为后者的 1/10～1/5 左右。

（2）砂浆的物理、力学性能

砂浆强度等级越高，石砌体的抗压强度越高。但试验研究表明，提高块体的强度等级比提高砂浆的强度等级对于提高砌体抗压强度更为有效。

和易性好的砂浆，使灰缝饱满、均匀，可降低石砌体内石砌块的弯、剪应力，提高石砌体强度。保水性好的砂浆容易铺砌，有利于砂浆的硬化，提高砂浆与石砌块的黏结力，从而提高石砌体强度。砌体用纯水泥砂浆砌筑时，由于砂浆的和易性、保水性差，石砌体抗压强度较混合砂浆约降低 5%～15%。

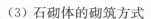

（3）石砌体的砌筑方式

根据砌筑方式的不同，料石砌体砌筑方法可分为有垫片铺浆法、无垫片铺浆法及干砌甩浆法三种。干砌甩浆法由于砂浆饱满度极低，砌体抗压强度也很低，现该方法已被禁止采用。其余两种方法由于垫片的加入改变了砂浆的聚合性能，导致砌体抗压性能也有所不同。该部分内容，目前尚无有效研究成果。

（4）砌筑质量

砌体工程施工质量综合了砌筑质量、施工管理水平和施工技术水平等因素的影响，从本质上来说，它较全面地反映了砌体内复杂应力作用的不利影响程度。砌筑质量主要指的是灰缝质量，包括灰缝均匀性、饱满度和厚度。《砌体工程施工质量验收规范》（GB 50203—2002）中规定，灰缝的砂浆饱满度不得小于 80%。

根据施工现场的质量管理、砂浆强度、砌筑工人技术等级的不同，我国砌体工程施工质量控制等级分为 A、B、C 三级（表 4.2）。根据《砌体结构设计规范》（GB 5003—2011），当施工质量为 C 级时，砌体抗压强度设计值应乘以 0.89 的系数；当施工质量为 A 级时，砌体抗压强度设计值可提高 5%。

表 4.2　砌体施工质量控制等级

项目	施工质量控制等级		
	A	B	C
现场质量管理	制度健全，并严格执行；非施工方质量监督人员经常到现场代表；施工方有在岗专业技术管理人员，人员齐全，并持证上岗	制度基本健全，并能执行；非施工方质量监督人员间断地到现场进行质量控制；施工方有在岗专业技术管理人员，并持证上岗	有制度；非施工方质量监督人员很少到现场质量控制；施工方有在岗专业技术管理人员

项目	施工质量控制等级		
	A	B	C
砂浆、混凝土强度	试块按规定制作,强度满足验收规定,离散型小	试块按规定制作,强度满足验收规定,离散型小	试块强度满足验收规定,离散型大
砂浆拌合方式	机械拌合;配合比计量控制严格	机械拌合;配合比计量控制一般	机械或人工拌和;配合比计量控制较差
砌筑工人	中级工以上,高级工不少于20%	高、中级工不少于70%	初级以上

4.3.1.3 砌体抗压强度的平均值与设计值

由于影响砌体抗压强度的因素很多,建立一个相对精确的砌体抗压强度公式是比较困难的。几十年来,通过大量的试验数据,通过统计与回归分析,规范采用了一个比较完整、统一的表达砌体抗压强度平均值的计算公式(4-3):

$$f_m = k_1 f_1^{\alpha}(1 + 0.07 f_2)k_2 \tag{4-3}$$

式中 f_m——砌体抗压强度平均值(MPa);

f_1、f_2——块体、砂浆抗压强度平均值(MPa);

k_1、α、k_2——系数,见表4.3。

表 4.3 各类石砌体轴心抗压强度平均值计算公式中的参数值

石砌块类别	k_1	α	k_2
毛料石	0.79	0.5	当$k_2 < 1$时,$k_2 = 0.6 + 0.4 f_2$
毛石	0.22	0.5	当$k_2 < 2.5$时,$k_2 = 0.4 + 0.24 f_2$

注:k_2在表列条件以外时均等于1。

根据《建筑结构设计统一标准》(GB 50068)的规定,砌体强度的标准值与平均值的关系为如计算公式(4-4)所示:

$$f_k = f_m(1 - 1.645\delta_f) \tag{4-4}$$

式中　f_k——砌体强度的标准值（MPa）；

　　　δ_f——砌体强度的变异系数，其值通过试验结果统计确定。

　　　砌体强度的设计值则如公式（4-5）：

$$f = \frac{f_k}{\gamma_f} \tag{4-5}$$

式中　γ_f——砌体结构的材料性能分项系数。当施工质量控制等级达到《砌筑工程施工质量验收规范》（GB 50203—2002）规定的 B 级水平时，取 $\gamma_f = 1.6$；当施工质量控制等级为 C 时，取 $\gamma_f = 1.8$。

　　根据《砌体结构设计规范》（GB 50003—2011）规定龄期为 28 d 的以毛截面计算的各类砌体抗压强度设计值，当施工质量控制等级为 B 级时，石砌体抗压强度应按下列规定采用。

　　块体高度为 180～350 mm 的毛料石砌体的抗压强度设计值，应按表 4.4 采用。

表 4.4　毛料石砌体的抗压强度设计值（MP）

砌块强度等级	砂浆强度等级			砂浆强度
	M7.5	M5	M2.5	0
MU100	5.42	4.80	4.18	2.13
MU80	4.85	4.29	3.73	1.91
MU60	4.20	3.71	3.23	1.65
MU50	3.83	3.39	2.95	1.51
MU40	3.43	3.04	2.64	1.35
MU30	2.97	2.63	2.29	1.17
MU20	2.42	2.15	1.87	0.95

　　注：对细料石砌体、粗料石砌体和干砌勾缝石砌体，表中数值应分别乘以调整系数 1.40、1.20 和 0.80。

毛石砌体的抗压强度设计值,应按表 4.5 采用。

表 4.5 毛石砌体的抗压强度设计值(MPa)

砌块强度等级	砂浆强度等级			砂浆强度
	M7.5	M5	M2.5	
MU100	1.27	1.12	0.98	0.34
MU80	1.13	1.00	0.87	0.30
MU60	0.98	0.87	0.76	0.26
MU50	0.90	0.80	0.69	0.23
MU40	0.80	0.71	0.62	0.21
MU30	0.69	0.61	0.53	0.18
MU20	0.56	0.51	0.44	0.15

4.3.2 石砌体轴心受拉、弯曲抗拉和抗剪性能

实际结构中,石砌体也存在受拉、受弯或受剪等各种情况。例如,圆形水池,池壁砌体垂直截面内产生环向拉应力;挡土墙,在土压力作用下,挡土墙像悬臂柱一样受弯;扶壁式挡土墙,扶壁之间墙体在水平方向受弯等。

一般情况下,石材的强度远高于砂浆的强度,故砌体受拉、受弯和抗剪的破坏,一般均发生在砂浆和块体的接触面上。砌体的抗拉、抗弯和抗剪强度主要取决于砂浆的强度等级,即取决于灰缝中砂浆和石砌块的黏结强度。

4.3.2.1 石砌体轴心受拉性能

按照外力作用于砌体方向的不同,砌体可能发生如图 4.4 所示的三种受拉破坏。当轴向拉力与水平灰缝平行时,砌体可能发生沿竖向及水平向灰缝的齿缝截面破坏;或者沿块体和竖向灰缝截面破坏。由于石材抗拉强度远大于砂浆抗拉强度,所以在石砌体中,只可能发生第一种破坏形式。当轴向拉力与砌体的竖向灰缝平行时,砌体可能沿通缝截面破坏。由于灰缝的法向黏结强度

很低,在设计中不允许采用此类构件。故在实际设计中仅需考虑第一种情况。

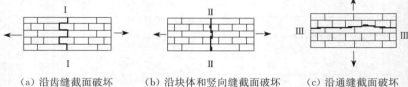

（a）沿齿缝截面破坏　　（b）沿块体和竖向缝截面破坏　　（c）沿通缝截面破坏

图 4.4　砌体的轴心受拉破坏特征

4.3.2.2　石砌体的弯曲受拉性能

如图 4.5 所示,砌体弯曲受拉时,也可能发生三种破坏形态:沿齿缝截面破坏、沿砌块与竖向灰缝截面破坏,以及沿通缝截面破坏。与轴心受拉相似,石砌体在实际设计中可忽略图(b)所示情况,仅需考虑其余两种情况。《砌体结构设计规范》(GB 50003—2011)分别采用沿齿缝弯曲抗拉强度及沿通缝弯曲抗拉强度来做出约束,如图 4.6 所示。

（a）沿齿缝破坏　　（b）沿块体和竖向灰缝破坏　　（c）沿通缝破坏

图 4.5　砌体弯曲受拉破坏特征

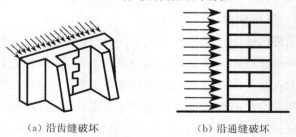

（a）沿齿缝破坏　　　　　　　（b）沿通缝破坏

图 4.6　沿齿缝破坏和沿通缝破坏

4.3.2.3 石砌体的抗剪性能

1）石砌体受剪破坏模式

通过对石砌体灰缝剪切试验可知,石砌体在剪力作用下破坏主要分为两个阶段:一是灰缝开裂之前的弹性耗能阶段,二是灰缝开裂之后的摩擦滑移阶段。在加载的初始阶段,水平灰缝变形较小,伴随着灰缝内部砂浆劈裂的声响;随着水平荷载的增加,灰缝损伤由里及外发展,灰缝表面相继出现水平裂缝直至裂缝贯通。灰缝裂缝贯通之后,水平滑移快速增加,水平承载力达到最大值,灰缝砂浆在压应力作用下被压碎,部分灰缝垫块滑移错动。试件达到最终破坏。

2）影响石砌体抗剪强度的因素

石砌体抗剪强度是影响石结构抗震性能的重要因素。影响石砌体抗剪强度的因素主要有石砌块类别和砌筑方式、砂浆强度、正应力水平、砌筑质量等。

（1）石砌块类别和砌筑方式

料石砌体与毛石砌体有着不同的抗剪性能。料石砌体由于砌块较规则,砂浆与石材之间的连接也与毛石不同。料石砌块由于本身表面平整度不同,所采用的砌筑方式也不同。有垫片砌筑法由于加入了石垫片,石材与砂浆之间黏结力也随之改变。总体而言,无垫片铺浆砌筑细料石砌体比有垫片铺浆砌筑粗料石砌体抗剪强度高约 63%。

（2）砂浆的强度

对于破坏截面仅发生在水平和竖向灰缝处的抗剪砌体,其强度主要取决于砂浆与石材之间的黏结。砂浆强度越高,两者之间的黏结越强,抗剪强度就会随之增大,石材强度对其影响很小。

（3）竖向压应力

研究表明压应力值小于 0.6 MPa 时,压应力对抗剪强度影响比砂浆强度更加明显。而压应力的作用不仅能够延缓灰缝出现、提高灰缝抗剪强度,而且能够提高灰缝摩擦滑移阶段的耗能能力。

(4)砌筑质量

砌筑质量越好,灰缝越饱满,石砌体抗剪强度越高。福建省建筑科学研究院研究表明有垫片铺浆砌筑石砌体灰缝抗剪强度与砂浆饱满度的关系可通过公式(4-6)表述:

$$f_{vm} = 0.016\rho + 0.44 \tag{4-6}$$

式中　f_{vm}——石砌体灰缝抗剪强度平均值(MPa);

　　　ρ——砂浆饱满度。

上述公式显示了不同砂浆饱满度对石砌体抗剪强度的直接影响,而常数项可认为是石垫片由于砂浆包裹后发挥的间接抗剪强度。

4.3.2.4　砌体抗拉、抗剪强度的平均值与设计值

《砌体结构设计规范》(GB 5003—2011)中给出了毛石砌体抗拉、抗弯和抗剪强度的公式:

砌体轴心抗拉强度平均值:

$$f_{t,m} = 0.075\sqrt{f_2} \tag{4-7}$$

沿齿缝砌体弯曲抗拉强度平均值:

$$f_{tm,m} = 0.113\sqrt{f_2} \tag{4-8}$$

砌体抗剪强度平均值:

$$f_{v,m} = 0.188\sqrt{f_2} \tag{4-9}$$

龄期为 28 d 的以毛截面计算的各类砌体的轴心抗拉强度设计值、弯曲抗拉强度设计值和抗剪强度设计值,当施工质量控制等级为 B 级时,石砌体抗拉、抗弯和抗剪强度应按表 4.6 规定采用。

表 4.6 沿砌体灰缝截面破坏时砌体的轴心抗拉强度、
弯曲抗拉强度和抗剪强度设计值（MPa）

破坏特征及砌体种类	砂浆强度等级		
	M7.5	M5	M2.5
轴沿齿缝心抗拉	0.07	0.06	0.04
沿齿缝弯曲抗拉	0.11	0.09	0.07
抗剪	0.19	0.16	0.11

对于料石砌体，国内外学者也进行了深入的研究。国外学者通过试验研究，认为可采用库伦摩剪理论对其进行描述。表述如公式(4-10)所示：

$$\tau = c + \sigma \tan\varphi \tag{4-10}$$

式中　τ ——单向受剪时，石砌体抗剪强度平均值（MPa）；

　　　c ——石砌体剪切面上凝聚力的平均值（MPa）；

　　　φ ——石砌体剪切面上的内摩擦角平均值；

　　　σ ——石砌体剪切面上的法向应力（MPa）。

式中 c 与 φ 的指标并无统一结论，各研究结果见表 4.7：

表 4.7 石砌体水平灰缝抗剪指标 c 与 φ 的取值

	砌块类型	砂浆类型	c(MPa)	$\tan\varphi$
Binda 等	砂岩	混合砂浆	0.33	0.74
	石灰石	混合砂浆	0.58	0.58
N. Augenti 等	凝灰岩	混合砂浆	0.146	0.287
P. B. Lourenco 等	石灰岩 机器切割料石	干砌法	0	0.43
	石灰岩 普通料石			0.63
	石灰岩 毛石			0.74
G. Vasconcelos 等	花岗岩	干砌法	0	0.69
		混合砂浆	0.36	0.63

由表 4.7 可知,石砌体水平灰缝的抗剪性能与石材类别和砂浆强度有很大的关系。所以石砌体水平灰缝抗剪强度的研究根据地域性有较大差距。

针对东南地区石结构房屋,华侨大学课题组采用双剪试验对不同施工方式下的料石砌体水平灰缝抗剪强度进行了详细的研究,并提出了相应的计算公式(图 4.7 为典型砌体水平灰缝双剪试验装置)。在施工质量有保证的前提下,无垫片铺浆法砌筑细料石砌体水平灰缝的抗剪强度 f_v 为公式(4-11):

$$f_v = 0.054\sqrt{f_2} \tag{4-11}$$

有垫片铺浆法砌筑细料石砌体水平灰缝的抗剪强度 f_v 为公式(4-12):

$$f_v = 0.033\sqrt{f_2} \tag{4-12}$$

式中　f_v——砌体抗剪强度设计值(MPa);

　　　f_2——为砂浆强度(MPa)。

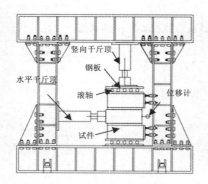

图 4.7　砌体水平灰缝双剪试验装置

4.3.3　石砌体的弹性模量、剪切模量和线胀系数

4.3.3.1　石砌体的弹性模量

根据砌体受压应力—应变曲线，可以定义砌体的切线弹性模量（即受压应力—应变曲线上任意一点的切线的斜率，如图 4.8 中的 $E' = \tan\alpha'$）、割线模量（即受压应力—应变曲线上任意一点与原点连线的斜率，如图 4.8 中的 $E = \tan\alpha$）。

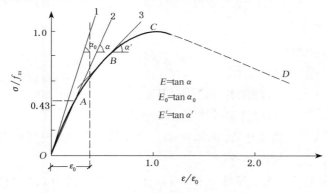

图 4.8　砌体受压时的应力应变曲线

原点处的切线模量称为初始弹性模量 E_0，该数值是难以由试验方法测准的。由于石砌体结构的弹性模量和强度均远大于砂浆的弹性模量和强度，砌体受压变形主要因灰缝内砂浆的变形引起，根据福建省建筑科学研究所的试验结果，取石砌体弹性模量 E 为应力—应变曲线上应力为 $0.3f_m$ 处的割线模量，可得粗料石、毛料石和毛石砌体弹性模量可采用式（4-13）进行计算：

$$E = 576 + 677f_2 (\mathrm{MPa}) \qquad (4\text{-}13)$$

细料石的弹性模量可取以上结果的 3 倍。

石砌体弹性模量数值见表 4.8。

表 4.8　石砌体的弹性模量（MPa）

砌体种类	砂浆强度等级		
	M7.5	M5	M2.5
粗料石、毛料石、毛石砌体	5 650	4 000	2 250
粗料石、毛料石、毛石砌体	17 000	12 000	6 750

4.3.3.2　砌体的剪变模量

国内外对石砌体剪变模量的试验和研究极少。根据材料力学公式（4-14）为：

$$G = \frac{E}{2(1+\nu)} \tag{4-14}$$

式中　　G——石砌体剪变模量（MPa）；

　　　　E——石砌体弹性模量（MPa）；

　　　　ν——泊松比，即砌体在轴心受压情况下，横向变形与纵向变形的比值。

根据国内大量试验结果，石砌体的泊松比约为 0.2。代入式（4-14），石砌体剪变模量约为 $0.417E$，与规范建议的砌体剪变模量取弹性模量的 0.4 倍相符合。

4.3.3.3　砌体的线性膨胀系数和收缩率

石材作为天然材料，吸水率低，性质相对稳定。《砌体结构设计规范》（GB 5003—2011）规定石砌体的线膨胀系数可取 $8 \times 10^{-6}/℃$，且基本不考虑石砌体的体积收缩。

第五章
村镇石结构设计

5.1　建筑场地

建筑场地一般指建造建筑物的地方,通常场地范围可认为大体相当于一个居民小区或自然村。国内外的震害资料表明,建筑物在不同地质条件的场地上,在地震时的破坏程度是明显不同的。这样,人们自然就会想到,如果能选择对抗震有利的场地和避开不利的场地进行建设,就能大大减轻地震灾害。另一方面,由于建设用地受到地震以外的许多因素的限制,除了极不利和危险地段以外,一般是不能排除其他场地作为建筑用地的,这样,就有必要将建筑场地按其对建筑物地震作用的强弱和特征进行分类,以便根据不同的建筑场地类别采用相应的设计参数,进行建筑物的抗震设计和采取抗震措施。这就是在抗震设计中对场地进行划分的目的。

5.1.1　建筑场地的划分

抗震规范首先按场地上建筑物震害轻重的程度,把建筑场地划分为对建筑抗震有利、不利和危险的地段 3 种,从宏观上指导设计人员趋利避害,合理选择建筑场地。

有利地段:指稳定基岩,坚硬土或开阔平坦、密实均匀的中硬土等。

不利地段：指软弱土，液化土，条状突出的山嘴，高耸孤立的山丘，非岩质的陡坡，河岸和边坡边缘，平面分布上成因、岩性、状态明显不均匀的土层（如故河道、断层破碎带、暗埋的塘浜沟谷及半填挖地基）等。

危险地段：指地震时可能发生滑坡、崩塌、地陷、地裂、泥石流等以及发震断裂带上可能发生地表错动的部位。

5.1.2 建筑场地的选择

在建筑物选址时，应选择对抗震有利的地段，避开不利的地段，当无法避开时，应采取适当的抗震措施，不应在危险地段建造建筑物。

地势较为开阔平坦、地下水埋藏较深、基岩埋藏较浅且完整、土质坚硬而稳定的地带，这些场地对建房非常有利；建筑物场地应尽量避开山嘴、故河道、填埋的水塘、沟坑，远离湖岸边、孤立的山坡、悬崖旁等不利地段，不能避开时，应采取相应的对策，如对软弱地基进行人工处理，以提高其承载力等；不应该将建筑物建在现今活动的断裂带上。

5.2 基础

5.2.1 地基与基础的基本要求

（1）村镇石结构房屋地基与基础应符合以下基本要求：

① 同一结构单元的基础不宜设置在性质明显不同的地基土上；

② 同一结构单元不宜采用不同类型的基础；

③ 当同一结构单元基础底面不在同一标高时,应按 1∶2 的台阶逐步放坡;

④ 相邻基础底面不在同一标高时,相邻基础的净距与地面高差之比不宜小于 2。

(2) 对于村镇建筑的浅基础,如遇暗沟、暗塘等地基表层软弱土时,可采用垫层填换的方法来处理。

当地基有淤泥、液化土或严重不均匀土层时,应采取垫层换填方法进行处理,换填材料和垫层厚度、处理宽度结合地基和基础的基本要求应符合下列事项:

① 垫层换填可选用砂石、黏性土、灰土或质地坚硬的工业废渣等材料,并应分层夯实。

② 换填材料应砂石级配良好,黏性土中有机物含量不得超过5%,灰土体积配合比宜为 2∶8 或 3∶7,土料宜用粉质黏土,不宜使用块状黏土和砂质粉土,不得含有松软杂质,并应过筛,其颗粒不得大于 15 mm。

石灰宜用新鲜的消石灰,颗粒粒径不得大于 5 mm:

A. 灰土垫层适用于软弱土、湿陷性黄土、软硬不均地基以及新老杂填土。施工时要排除基槽内的积水和淤泥,挖去软土,夯实后回填拌和均匀的 2∶8 或 3∶7(体积比)石灰黏土,每层铺 150～250 mm,夯至 100～150 mm,到灰土声音清脆为止。

B. 水撼砂垫层适用于一般软弱地基,不宜用于湿陷性黄土或不透水的粘性土地区。施工时要在基槽内分层(200 mm)填中砂、粗砂或天然砂砾石,灌水没过砂层,用铁钎摇撼或振捣,渗水后再铺第二层,到基础底标高。砂石的最大粒径不宜大于 50 mm。对湿陷性黄土地基,不得选用砂石等透水材料。

C. 灰浆碎砖三合土垫层的石灰∶砂∶碎砖(碎石或炉渣)按1∶2∶4或1∶3∶6的体积比拌合均匀,分层夯实。特别要注意,铺好的三合土,不可隔日夯打。

③ 垫层的底面宜至老土层,垫层厚度通常不大于 3 m,否则工程量大、施工难、不经济。

④ 垫层在基础底面以外的处理宽度:垫层底面每边应超过垫层厚度的 1/2 且不小于基础宽度的 1/5;垫层顶面宽度可从垫层底面两侧向上,按基坑开挖期间保持边坡稳定的当地经验放坡确定,垫层顶面每边超出基础底边不宜小于 300 mm。

(3)基础材料在产石地区多采用石基础,多用平毛石或毛料石由砂浆砌筑而成。石砌基础的材料应采用质地坚硬、未风化的天然石材,并根据地基土的潮湿程度按下列规定采用:

① 当地基土稍湿时,应采用不低于 MU30 的石材和不低于 M5 的水泥砂浆砌筑;

② 当地基土很湿时,应采用不低于 MU30 的石材和不低于 M7.5 的水泥砂浆砌筑;

③ 当地基土含水饱和时,应采用不低于 MU40 的石材和不低于 M10 的水泥砂浆砌筑。

5.2.2 基础埋置深度及防潮层的一般要求

基础的埋置深度是指从室外地坪到基础底面的距离。村镇房屋层数低,上部结构荷载较小,对地基承载力的要求相对不高,在满足地基稳定和变性要求的前提下,基础宜浅埋,使得施工方便、造价低。在实际操作中,基础埋置深度应结合当地情况,考虑土质、地下水位及气候条件等因素综合确定。

(1)基础的埋置深度的基本规定:

① 除岩石地基外,基础埋置深度不宜小于 500 mm。

② 当为季节性冻土时,宜埋置在冻深以下或采取其他防冻措施。

③ 基础宜埋置在地下水位以上；当地下水位较高，基础不能埋置在地下水位以上，宜将基础底面设置在最低地下水位 200 mm 以下，施工时尚应考虑基坑排水。

为避免地基土冻融对上部结构的不利影响，季节性冻土地区的基础埋置深度宜大于地基土的冻结深度，或根据当地经验采取有效的防冻、隔离措施。

地下水会影响地基的承载力，震害表明，地下水位越高，建筑物震害越重，故给基础施工增加难度，有侵蚀性的地基水还会对基础造成腐蚀。因此，基础一般埋置在地下水位以上。

（2）基础防潮层

防潮层的作用是阻止土壤中的潮气和水分对墙体造成侵蚀，影响墙体的强度和耐久性，同时可防止因室内潮湿影响居住的舒适性。

基础的防潮层宜采用 1∶2.5 的水泥砂浆内掺 5％的防水剂铺设，厚度不宜小于 20 mm，并应设置在室内地面以下 60 mm 标高处；当该标高处设置配筋砂浆带时，防潮层可与配筋砂浆带合并设置，便于施工。

5.2.3 石砌基础的要求

（1）石砌基础的高度应符合式(5-1)要求：

$$H_0 \geqslant \frac{b - b_1}{4} \tag{5-1}$$

式中　H_0——基础的高度（mm）；

　　　b——基础底面宽度（mm）；

　　　b_1——墙体的厚度（mm）。

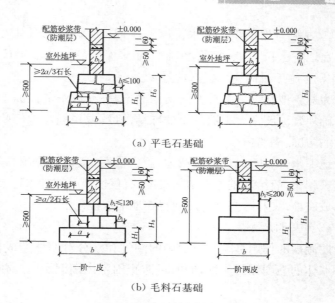

（a）平毛石基础

（b）毛料石基础

图 5.1　平毛石、毛料石基础做法

（2）阶梯形石基础的每阶放出宽度，平毛石不宜大于 100 mm，每阶不应少于两层。当毛料石采用一阶两皮时，宽度不宜大于 200 mm，采用一阶一皮时，宽度不宜大于 120 mm。基础阶梯应满足式（5-2）要求：

$$H_i / b_i \geqslant 1.5 \tag{5-2}$$

式中　H_i——基础阶梯的高度（mm）；

　　　b_i——基础阶梯收进宽度（mm）。

毛石属于抗压性能好，而抗拉、抗弯性能较差的脆性材料，毛石基础是一种刚性基础。刚性基础需要非常大的抗弯刚度，受弯后基础不允许挠曲变形和开裂。因此，设计时必须保证基础内产生的拉应力和剪应力不超过相应的材料强度设计值，这种保证通常是通过限制基础台阶宽高比来实现的。在这种限制下，基础的

84

相对高度一般比较大，几乎不发生挠曲变形。

（3）为使毛石基础和料石基础与地基或基础垫层黏结紧密，保证传力均匀和石块平稳，故平毛石基础砌体的第一皮块石应坐浆，并将大面朝下；阶梯形平毛石基础，上阶平毛石压砌下阶平毛石长度不应小于下阶平毛石长度的 2/3；相邻阶梯的毛石应相互错缝搭砌。

（4）料石基础砌体的第一皮应坐浆丁砌；阶梯形料石基础，上阶石块与下阶石块搭接长度不应小于下阶长度的 1/2。

（5）卵石表面圆滑，相互之间咬砌困难，在水平地震力作用下难以保证砌体的稳定性和强度，易产生滑动或错位，造成上部结构的破坏，故当采用卵石砌筑基础时，应将其凿开使用。

5.3 结构设计原则

5.3.1 结构的功能要求、设计使用年限和安全等级

1）结构的功能要求

结构在规定的设计使用年限内，应满足下列各项功能要求：

（1）在正常施工和使用时，能承受可能出现的各种作用（荷载）；

（2）在正常使用时，具有良好的工作性能；

（3）在正常维护下具有足够的耐久性能；

（4）在偶然事件发生时及发生后，仍能保持必须的整体稳定性。

2）设计使用年限

石结构和结构构件在设计年限内，在正常维护下，必须保持适合使用，而不需大修加固。设计使用年限可按国家标准《建筑结构

可靠度设计统一标准》确定,见表 5.1。

表 5.1　设计使用年限分类

类别	设计使用年限	示例
1	5	临时性结构
2	25	易于替换的结构构件
3	50	普通房屋和构筑物
4	100	纪念性建筑和特别重要的建筑结构

3) 结构的安全等级

根据建筑结构破坏可能产生的后果(危及人的生命、造成经济损失、产生社会影响等)的严重性,建筑结构应按表 5.2 划分为三个安全等级,设计时应根据具体情况适当选用。

表 5.2　建筑结构的安全等级表

安全等级	破坏后果	建筑物类型
一级	很严重	重要的房屋
二级	严重	一般的房屋
三级	不严重	次要的房屋

5.3.2　石结构的设计表达式

结构采用以概率理论为基础的极限状态设计方法,以可靠指标度量结构构件的可靠度,采用分项系数的设计表达式进行计算。

石结构应按承载能力极限状态设计,并满足正常使用极限状态的要求(注:根据砌体结构的特点,砌体结构正常使用极限状态的要求,一般情况可由相应的构造措施保证)。

石结构承载能力极限状态设计时,应按公式(5-3)、(5-4)中的最不利组合进行计算:

$$\gamma_0 \left(1.2 S_{GK} + 1.4 S_{Q1K} + \sum_{i=2}^{n} \gamma_{Qi} \psi_{ci} S_{Qik} \right) \leqslant R(f, a_k, \cdots) \quad (5-3)$$

$$\gamma_0 \left(1.35 S_{GK} + 1.4 \sum_{i=1}^{n} \psi_{ci} S_{Qik} \right) \leqslant R(f, a_k, \cdots) \quad (5-4)$$

式中　γ_0——结构重要性系数。对安全等级为一级或设计使用年限为 50 年以上的构件,不应小于 1.1;对安全等级为二级或设计使用年限为 50 年的结构构件,不应小于 1.0;对安全等级为三级或设计使用年限为 1～5 年的结构构件,不应小于 0.9;

　　　　S_{GK}——永久荷载标准值的效应;

　　　　S_{Q1K}——在基本组合中起控制作用的一个可变荷载标准值的效应;

　　　　S_{QiK}——第 i 个可变荷载标准值的效应;

　　　　$R(\cdot)$——结构构件的抗力函数;

　　　　γ_{Qi}——第 i 个可变荷载的分项系数;

　　　　ψ_{ci}——第 i 个可变荷载的组合值系数。一般情况下应取 0.7;

　　　　f——砌体的强度设计,$f = f_k / \gamma_f$;

　　　　f_k——砌体的强度标准值,$f_k = f_m - 1.645\sigma_f$;

　　　　γ_f——体结构的材料性能分项系数,一般情况下,宜按施工控制等级 B 级考虑,取 $\gamma_f = 1.6$;当为 C 级时,取 $\gamma_f = 1.8$;当为 A 级时,取 $\gamma_f = 1.5$;

　　　　f_m——砌体的强度平均值;

　　　　σ_f——砌体强度的标准差;

　　　　a_k——几何参数标准值。

　　注:施工质量控制等级划分要求应符合《砌体工程施工质量验收规范》(GB—50203)的规定。

当石砌体结构作为一个刚体时,需验算整体稳定性时,例如倾覆、滑移、漂浮等,应按式(5-5)、式(5-6)验算:

$$\gamma_0(1.2S_{G2K} + 1.4S_{Q1K} + \sum_{i=2}^{n} S_{QiK}) \leqslant 0.8S_{G1K} \qquad (5-5)$$

$$\gamma_0(1.35S_{G2K} + 1.4\sum_{i=2}^{n} \psi_{ci}S_{QiK}) \leqslant 0.8S_{G1K} \qquad (5-6)$$

式中　S_{G1K} ——起有利作用的永久荷载标准值的效应;

　　　　S_{G2K} ——起不利作用的永久荷载标准值的效应。

5.3.3　石砌体房屋抗震设计三要素

石砌体房屋的抗震设计可分成三个主要部分:

(1)建筑布置与结构选型

包括合理的建筑和结构布置,房屋总高度、总层数的限制等,主要目的是使房屋在地震作用下各构件能均匀受力,不产生过大的内力或应力。

(2)抗震强度验算

包括墙片地震力及抗震强度的计算,确保房屋墙片在地震作用下不发生破坏。

(3)抗震构造措施

主要包括加强房屋整体性和构件间连接强度的措施,如构造柱、圈梁、拉结钢筋的布置,对墙体间咬砌及楼板搁置的要求等。

5.4　建筑布置与结构选型

5.4.1　房屋总高度及层数限制

石砌体作为脆性材料,变形能力差,抗震潜力小,在地震作用下墙体容易开裂。墙体开裂后,持续的地面运动就可能使破裂的墙体发生平面错动,因而大幅度地降低墙体的竖向承载力。当上部的层数多且重量大时,已破碎的墙体就可能被压垮,导致房屋整体倒塌。

一般楼盖的重量占房屋总重量的 30%～50%,当房屋总高度相同时,若增加一层楼盖就相当于房屋增加了半层楼的重量,地震作用也相应增加。因此石砌体房屋对房屋的总高度和层数进行双控。

根据国内外地震震害调查,石砌体房屋的抗震能力与房屋的总高度和层数有直接联系,房屋的破坏程度随高度的增大和层数的增多而加重,其倒塌率几乎与房屋的高度和层数成正比,因此限制石砌体房屋的总高度和层数是减轻地震灾害经济而有效的措施。石砌体房屋,总高度和层数的限制见表 5.3。具体如下:

(1) 房屋的层数和总高度不应超过表 5.3 的规定。

(2) 房屋的层高:单层房屋 6 度不应超过 4.0 m;两层房屋其各层层高不应超过 3.5 m。

表 5.3　多层石砌体房屋总高度(m)和层数限值

墙体类别		最小墙厚(mm)	烈度					
			6 度		7 度		8 度	
			高度	层数	高度	层数	高度	层数
料石砌体	细、半细料石砌体(无垫片)	240	7.0	2	7.0	2	6.6	2
	粗料、毛料石砌体(有垫片)	240	7.0	2	6.6	2	3.6	1
平毛石砌体		240	3.6	1	3.6	1	—	—

注:1. 房屋总高度指室外地面到檐口的高度,对带阁楼的坡屋面应算到山尖墙的 1/2 高度处。

　　2. 平毛石指形状不规则,但有两个平面大致平行,且该两平面的尺寸远大于另一个方向尺寸的块石。

5.4.2 房屋的抗震横墙间距限制

石砌体房屋的空间刚度对房屋的抗震性能影响很大,其空间刚度主要取决于由楼盖、房屋和纵横墙所组成的盒式结构的空间作用。由于横墙的间距直接影响水平地震作用的传递,以致影响房屋的空间刚度,所以必须注意横墙的布置。

石砌体房屋的横向水平地震作用主要由横墙来承受,故横墙必须具有足够的承受横向水平地震作用的能力,且楼盖还必须具备能够传递横向水平地震作用给横墙的水平刚度,所以,对横墙来说,除了要求满足抗震承载力外,还需使其横墙间距能满足楼盖对传递水平地震作用所需的水平刚度的要求。

楼盖将水平地震作用传递给横墙的水平刚度与横墙间距和楼盖本身刚度有关。当楼盖水平刚度一定时,楼盖本身刚度大,横墙间距就可以大一些,楼盖本身刚度小,横墙间距就小一些。如果楼盖本身刚度不大,而横墙间距较大,楼盖就会失去将水平地震作用传递到横墙的能力,其结果是楼盖产生较大的侧移变形,地震作用未传递到横墙,纵墙就已经破坏。故石结构房屋的抗震横墙间距的限制,不应超过表 5.4 的基本要求。

表 5.4　房屋抗震横墙最大间距(m)

房屋层数	楼层	烈度			
		6、7 度	8 度	6、7 度	8 度
		木楼、屋盖		预应力圆孔板楼、屋盖	
一层	1	11.0	7.0	13.0	9.0
二层	2	11.0	7.0	13.0	9.0
	1	7.0	5.0	9.0	7.0

注:抗震横墙指厚度不小于 240 mm 的料石墙或厚度不小于 400 mm 的毛石墙。

90

5.4.3　房屋的局部尺寸限制

　　墙体是主要的抗侧力构件，一般来说，墙体水平总截面积越大，就越容易满足抗震要求。对局部尺寸做出限制（最小值）规定是为了满足墙体抗剪承载力的要求，目的在于防止因这些部位的破坏而造成整栋房屋的破坏甚至倒塌。

　　在设计中尚应注意洞口（墙段）布置的均匀对称，同一片墙体窗洞大小应尽可能一致，窗间墙宽度尽可能相等或相近，并均匀布置，避免各墙段之间刚度相差过大引起地震作用分配不均匀，从而使承受地震作用的墙段率先破坏。震害表明，墙段布置均匀对称时，各墙段的抗剪承载力能够充分发挥，墙体的震害相对较轻，各墙段宽度不均匀时，有时宽度大的墙段因承担较多的地震作用，破坏反而重于宽度小的墙段。

　　房屋局部尺寸的影响，有时仅造成房屋局部的破坏而不影响结构的整体安全，某些重要部位的局部破坏则会导致整个结构的破坏甚至倒塌。因此有必要对地震区建造的石砌体房屋的某些尺寸加以控制，其目的是使各墙体受力均匀协调、避免造成各个击破，防止承重构件失稳，避免附属构件脱落伤人。

　　1）承重窗间墙的最小宽度

　　窗间墙的破坏有两种形式：第一种是地震作用下的剪切破坏，产生典型的斜向或对角交叉裂缝。显然，这种地震剪力主要作用在窗间墙的平面之内，即地震作用方向与窗间墙平行。第二种是由于与外墙的窗间墙垂直的内墙的变形和破坏顶推窗间外墙，造成窗间墙的出平面外破坏，这时的地震作用主要沿横墙作用。

　　窗间墙的宽度应首先满足静力设计要求，从抗震安全的角度应有一定的安全储备。从宏观调查中可看到，较窄窗间墙的破坏往往容易造成上部构件的塌落，从而危及整个房屋。而宽度较大的窗间墙虽然在强烈地震作用下也遭损坏,有时裂缝宽度甚至可达数厘米,但裂后仍有一定的承载能力而不致立即倒塌。

2)外墙尽端至门窗洞边的最小距离

宏观震害表明,房屋尽端是震害较为严重的部位,这是结构布置上的不对称或地震本身的扭转分量造成的,同时也有"端部效应"动力放大的影响。尽端外横墙一般为山墙,分承重和非承重墙两种。在实际设计中,一般情况下对于承重山墙,尽端最好不开窗或开小窗,因为这一部位的地震反应敏感,破坏普遍,承重山墙的局部破坏可能导致第一开间的倒塌。为了防止房屋在尽端首先破坏甚至倒塌,对开门窗情况下承重外墙尽端至门窗洞边的尺寸,按不同烈度提出了不同要求。对于非承重的外墙尽端,考虑到破坏后不致影响楼板的塌落,因此对最小距离可以适当放宽要求。

3)内墙阳角至门窗洞边的最小距离

石结构房屋的门厅,楼梯间等的室内拐角墙,常常是地震破坏比较严重的部位。由于门厅或楼梯间处的纵墙或横墙中断,并为支撑上层楼盖荷载而设置开间梁或进深梁,从而造成梁支撑在室内拐角墙上这些阳角部位的应力集中,梁端支撑处荷载又较大,如支撑长度不足,局部刚度又有变化,破坏往往极为明显。故必须限制内墙阳角至洞边的最小距离。

石结构房屋的局部尺寸限值,宜符合表5.5的规定。

表5.5 石结构房屋局部尺寸限值(m)

部位	烈度	
	6、7度	8度
承重窗间墙最小宽度	1.0	1.0
承重外墙尽端至门窗洞边的最小距离	1.0	1.2
非承重外墙尽端至门窗洞边的最小距离	1.0	1.0
内墙阳角阳角至门窗洞边到的最小距离	1.9	1.2

5.5　抗震强度验算

5.5.1　水平地震作用计算

　　村镇石结构房屋的水平地震作用计算方法采用底部剪力法，所谓底部剪力法，它是根据建筑物所在地区的设防烈度、场地土类别、建筑物的基本周期和建筑物距震中的远近，在确定地震影响系数后，先计算在结构底部截面水平地震作用，即求得在整个房屋的总水平地震作用后，按照某种竖向分布规律，将总地震作用沿建筑物高度方向分配到各个楼层处，得出作用于建筑物各楼盖处的水平地震作用。

　　1) 采用底部剪力法时，各楼层可仅取一个自由度，石结构的水平地震剪力标准值，应按式(5-7)确定：

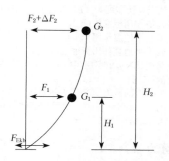

图 5.2　石结构的水平地震作用计算简图

$$F_{\mathrm{Ekb}} = \alpha_{\mathrm{maxb}} G_{\mathrm{eq}} \tag{5-7}$$

对于单层房屋：

$$F_{11} = F_{\mathrm{Ekb}} \tag{5-8}$$

对于两层房屋：

$$F_{21} = \frac{G_1 H_1}{G_1 H_1 + G_2 H_2} F_{Ekb} \qquad (5-9)$$

$$F_{22} = \frac{G_2 H_2}{G_1 H_1 + G_2 H_2} F_{Ekb} \qquad (5-10)$$

式中 F_{Ekb}——基本烈度地震作用下的结构总水平地震作用标准值(kN)；

       α_{maxb}——基本烈度地震作用下的水平地震影响系数最大值，可按表 5.6 采用；

表 5.6   基本烈度水平地震影响系数最大值

烈度	6 度	7 度	7 度(0.15g)	8 度	8 度(0.30g)
α_{maxb}	0.12	0.23	0.36	0.45	0.68

注：7 度(0.15g)指《建筑抗震设计规范》(GB 50011—2010)附录 A 中抗震设防烈度为 7 度，设计基本加速度为 0.15g 的地区；8 度(0.3g)指《建筑抗震设计规范》(GB 50011—2010)附录 A 中抗震设防烈度为 8 度，设计基本加速度为 0.30g 的地区。

F_{11}——单层房屋的水平地震作用标准值(kN)；

F_{21}——两层房屋质点 1 的水平地震作用标准值(kN)；

F_{22}——两层房屋质点 2 的水平地震作用标准值(kN)；

G_{eq}——结构等效总重力荷载(kN)，单层房屋应取总重力荷载代表值，两层房屋可取总重力荷载代表值的 95%；

G_1、G_2——为集中于质点 1、2 的重力荷载代表值(kN)，应分别取结构和构件自重标准值与 0.5 倍的楼面活荷载、0.5 倍的屋面雪荷载之和；

H_1、H_2——分别为质点 1、2 的计算高度(m)。

   2) 水平地震剪力的分配

    水平地震剪力在各墙体的分配，与屋盖的刚度有关，而村镇房屋主要的楼屋盖形式有两种，即柔性的木楼、屋盖及半刚性的预制钢筋混凝土楼、屋盖。水平地震剪力的分配原则如下：

    (1) 木楼(屋)盖等柔性楼(屋)盖房屋，由于柔性楼盖的水平刚度很小，在横向水平地震作用下，各片横墙产生的位移，主要取决于邻近从属面积上楼盖重力荷载代表值所引起的地震作用。因而可近似地视整个楼盖为分段简支于各片横墙的多跨简支梁,各片横墙可独立变形,其所承担的水平地震剪力 V 可按抗侧力构件(即抗震墙)从属面积上重力荷载代表值的比例分配,从属面积可按左右两侧相邻抗震墙间距的一半计算。

(2)预应力混凝土圆孔板楼(屋)盖等半刚性楼(屋)盖房屋,在横向水平地震力作用下,楼盖的变形形状将不同于刚性楼盖和柔性楼盖,在各片横墙间楼盖将产生一定的相对水平变形,各片横墙产生的位移将不相等。因而各片横墙所承担的地震剪力,不仅与横墙等效刚度有关,而且与楼盖的水平变形有关,可以通过合理地选择楼盖的刚度参数按精确计算模型进行空间分析,从而得到各片横墙所承担的地震剪力。其水平地震剪力 V 可取以下两种分配结果的平均值:

① 按抗侧力构件(即抗震墙)从属面积上重力荷载代表值的比例分配。

② 按抗侧力构件(即抗震墙)等效刚度的比例分配。简化计算时可大致按各墙体 1/2 层高处的水平截面面积占该方向抗震墙总水平截面面积的比例分配。

3)纵向地震剪力的分配

由于房屋的宽度小而长度大,无论何种类型楼盖,其纵向水平刚度都很大,可视为刚性楼盖。其纵向地震剪力可按抗侧力构件(即抗震墙)的等效侧向刚度比例进行分配。

5.5.2 结构构件的荷载组合

结构构件的地震作用效应和其他荷载效应的基本组合,应按式(5-11)计算:

$$S = \gamma_G S_{Gk} + \gamma_{Eh} S_{Ehk} + \gamma_{Ev} S_{Evk} + \psi_w \gamma_w S_{wk} \qquad (5-11)$$

式中 S——结构构件内力组合的设计值,包括组合的弯矩、轴向力和剪力设计值等；

γ_G——重力荷载分项系数，一般情况采用 1.2，当重力荷载效应对构件承载能力有利时，不应大于 1.0；

γ_{Eh}、γ_{Ev}——分别为水平、竖向地震作用分项系数，应按表 5.7 采用；

γ_w——风荷载分项系数，应采用 1.4；

S_{Gk}——重力荷载代表值效应，可按《建筑抗震设计规范》（GB 50011—2010）第 5.1.3 条采用；

S_{Ehk}——水平地震作用标准值的效应，尚应乘以相应的增大系数或调整系数；

S_{Evk}——竖向地震作用标准值的效应，尚应乘以相应的增大系数或调整系数；

S_{wk}——风荷载标准值的效应；

ψ_w——风荷载组合值系数，一般结构取 0.0，风荷载起控制作用的建筑应采用 0.2。

表 5.7 地震作用分项系数

地震作用	γ_{Eh}	γ_{Ev}
仅计算水平地震作用	1.3	0.0
仅计算竖直地震作用	0.0	1.3
同时计算水平与竖向地震作用（水平地震为主）	1.3	0.5
同时计算水平与竖向地震作用（竖向地震为主）	0.5	1.3

5.5.3 抗震不利墙段的选择

对石砌体房屋，可只选竖向荷载从属面积较大的墙段、承担地震作用较大的墙段、竖向应力较小的墙段以及截面积较小的墙段进行截面抗震承载力验算；同时在进行地震剪力分配和截面验算时，石砌体墙段的层间等效侧向刚度应按下列原则确定：

（1）刚度的计算应计及高宽比的影响。高宽比小于 1 时,可只计算剪切变形;高宽比不大于 4 时且不小于 1 时,应同时计算弯曲和剪切变形;高宽比大于 4 时,等效侧向刚度可取 0.0(注:墙段的高宽比指层高与墙长之比,对门窗洞边的小墙段指洞净高与洞侧墙宽之比);

（2）墙段宜按门窗洞口划分;对设置构造柱的小开口墙段按毛墙面计算的刚度,可根据开洞率乘以表 5.8 的墙段洞口影响系数:

表 5.8 墙段洞口影响系数

开洞率	0.10	0.20	0.30
影响系数	0.98	0.94	0.88

注：1. 开洞率为洞口水平截面面积与墙段水平毛截面面积,相邻洞口之间净宽小于 500 mm 墙段视为洞口。
2. 洞口中线偏离墙段中线大于墙段长度的 1/4 时,表中影响系数值折减 0.9;门洞的洞顶高度大于层高的 80% 时,表中数据不适用;窗洞高度大于 50% 层高时,按门洞对待。

5.5.4 材料强度值的计算

石砌体抗剪强度平均值 $f_{v,m}$,可按式(5-12)计算：

$$针对毛石砌体：f_{v,m} = 2.70 f_v \qquad (5-12)$$

式中 f_v——非抗震设计的砌体抗剪强度设计值(MPa),石砌体可按表 5.9 采用：

表 5.9 非抗震设计的砌体抗剪强度设计值 f_v (MPa)

砌体种类	砂浆强度等级					
	M10	M7.5	M5	M2.5	M1	M0.4
料石、平毛石	0.21	0.19	0.16	0.11	0.07	0.04

5.5.5 墙体截面抗震受剪承载力计算

石墙体的截面抗震受剪极限承载力,可按式(5-13)、式(5-14)进行验算:

$$V_b \leqslant \gamma_{bE} \zeta_N f_{v,m} A \tag{5-13}$$

$$\zeta_N = \frac{1}{1.2} \sqrt{1 + 0.45 \sigma_0 / f_v} \tag{5-14}$$

式中　V_b——基本烈度作用下墙体剪力标准值(kN);

　　　γ_{bE}——极限承载力抗震调整系数,对承重墙取 $\gamma_{bE} = 0.95$,非承重墙(围护墙)取 $\gamma_{bE} = 0.85$;

　　　A——抗震墙墙体横截面面积(mm²);

　　　$f_{v,m}$——非抗震设计的砌体抗剪强度平均值(MPa);

　　　ζ_N——砌体抗震抗剪强度的正应力影响系数;

　　　σ_0——对应于重力荷载代表值的砌体截面平均压应力(MPa);

　　　f_v——非抗震设计的砌体抗剪强度设计值(MPa)。

针对村镇建筑一、二层建筑体量小、规模小、房屋质量相对较轻,与城镇建筑比较,其震害影响范围、程度小,故规定"中震主体结构不致严重破坏"这个抗震设防水准是符合中国村镇建筑的现实状况的。中震结构不致严重破坏采用的是结构极限承载力设计思想,表述如下:房屋在地震作用下抗震墙体开裂后,结构进入弹塑性阶段;当地震作用使结构的承载力达到极限状态时,取抗震设防烈度对应的地震作用效应 S,同时取结构的极限承载力作为抗力 R,得到:

$$S \leqslant \gamma_{bE} R \tag{5-15}$$

式中　S——基本烈度地震作用效应标准值;

γ_{bE}——极限承载力抗震调整系数,与抗侧力构件(抗震墙)的类型(承重或非承重墙)有关,并考虑了当前我国村镇地区的经济水平;

R——结构的极限承载力,取材料的强度平均值计算。

结构的极限承载力 R 由结构材料的力学性能与几何尺寸等决定,可以计算得出。结构抗震极限调整系数 γ_{bE} 考虑了一定的承载力储备,与抗侧力构件(抗震墙)的类型(承重墙或非承重墙)有关,并综合考虑了当前我国村镇地区的经济水平。

由于我国农村发展滞后,经济状况差,按照我国《抗震规范》的要求建造抗震性能好的房屋造价较高,故缺少保证大震不倒的钢筋混凝土圈梁、构造柱等抗震构造措施。因此采用公式(5-15)进行石砌体截面的极限承载力设计,以达到中震情况下墙体不倒塌的设防目标,避免和减少人员伤亡和财产损失。

石结构房屋的抗震设计计算可按本手册的公式(5-13)和(5-14)的方法进行,也可按本手册附录 1,根据房屋的墙厚、墙体类别、设防烈度、砂浆强度、高度等,确定抗震横墙间距 L 和房屋宽度 B 限值。

5.6　抗震构造措施

村镇石结构房屋的层数一般在 $1\sim2$ 层,故本手册的抗震构造措施主要是针对二层以内的石结构而言的。采用抗震构造措施的主要目的是减轻房屋地震破坏,减少人员伤亡和经济损失。

村镇建筑的抗震构造措施基本为低造价、就地取材和简单易行的,施工难度不大,熟练的建筑工匠就可以达到施工要求。原则是有效提高房屋的抗震能力,但不会造成房屋造价的大幅度提高,也不会因为施工水平局限而削弱抗震构造措施的作用。

5.6.1 墙厚的基本要求

墙体是石结构房屋的主要承重构件和围护结构,最小墙厚的规定是为了保证承重墙体基本的承载力和稳定性,而在实际中尚应根据当地情况综合考虑所在地区的设防烈度和气候条件。故一般规定承重石墙厚度为:料石墙不宜小于 240 mm,平毛石墙不宜小于 400 mm。

当屋架或梁跨度较大时,梁端有较大的集中力作用在墙体上,设置壁柱除了可进一步增大承压面积,还可以增加支撑墙体在水平地震作用下的稳定性。故当屋架或梁的跨度大于 4.8 m 时,支撑处宜加设壁柱,壁柱宽度不宜小于 400 mm,厚度不宜小于 200 mm,壁柱应采用料石砌筑(图 5.3),或采取其他加强措施。

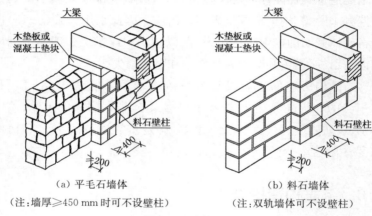

(a)平毛石墙体　　　　　　　　(b)料石墙体
（注:墙厚≥450 mm 时可不设壁柱）　（注:双轨墙体可不设壁柱）

图 5.3　壁柱砌法

5.6.2 墙体的拉结

加强纵横墙体之间的拉结,是保证石砌体房屋整体刚度的重要措施。如果内外墙或纵横墙之间缺乏可靠连接,地震时易使墙体拉开,外墙甩出塌落。在水平地震作用下,当一侧墙体首先倒塌时,则与之相连的另一侧墙体由于失去侧向支撑,更易倒塌。因此对于墙体除了满足承载力要求外,墙体间的连接构造也应给予足够的重视。

石砌墙体转角及内外墙交接处是抗震的薄弱环节,刚度大、应力集中,地震破坏严重。由于我国村镇建筑房屋基本不进行抗震设防,房屋墙体在转角处无有效拉结措施,墙体连接不牢固,往往7度时就出现破坏现象,8度区则破坏明显。在转角处加设水平拉筋可以加强转角处和内外墙交接处的连接,约束该部位墙体,减轻地震时的破坏。

故纵横墙交接处应符合下列要求:

(1)料石砌体应采用无垫片砌筑,平毛石砌体应每皮设置拉结石,详见图 5.4 的(a)、(b)、(c)、(d)。

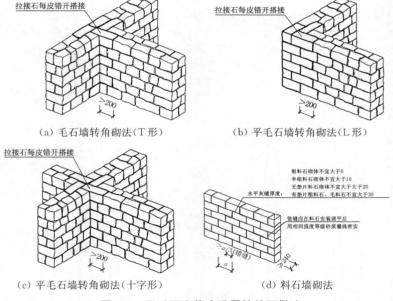

(a)毛石墙转角砌法(T形)   (b)平毛石墙转角砌法(L形)

(c)平毛石墙转角砌法(十字形)   (d)料石墙砌法

图 5.4 平毛石砌体应设置拉结石做法

(2)房屋沿纵、横墙方向都受到地震作用,房屋转角处墙面常出现斜向裂缝,如地震烈度较高或持续时间较长时,墙角的墙体会因为往复错动而被推挤引起倒塌,设置圈梁及加强楼盖与墙体拉结等措施不能有效抑制上述斜裂缝的产生,在内外墙交接处,仅仅依靠块体咬搓砌筑也不可靠,地震时常出现内外墙被拉开,严重时外墙被甩出塌落。因此规定:抗震设防烈度 7、8 度时,应沿墙高每隔 500～700 mm 设置 2φ6 拉结钢筋,每边伸入墙内不宜小于 1 000 mm 或伸至门窗洞边,详见图 5.5 的(a)、(b)、(c)。

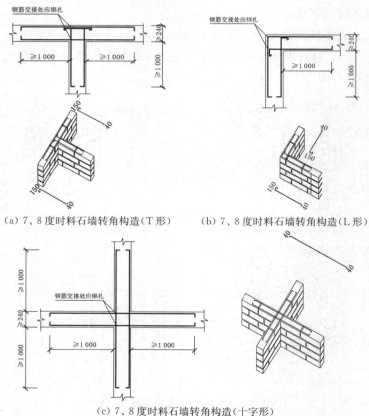

(a)7、8 度时料石墙转角构造(T 形)　　(b)7、8 度时料石墙转角构造(L 形)

(c)7、8 度时料石墙转角构造(十字形)

图 5.5　拉结钢筋做法

注:沿墙高每隔 500 mm 左右设 2φ6 拉结钢筋,每边伸入墙内不宜小于 1 000 mm,每侧 1 000 mm 范围内,应采用无垫片砌筑。

（3）无构造柱的纵横墙交接处，应采用条石无垫片砌筑，且应沿墙高每隔 500 mm 设置拉结钢筋网片，每边每侧伸入墙内不宜小于 1 m。

5.6.3　配筋砂浆带的设置和构造

圈梁的设置有助于提高房屋的整体性、抗震和抗倒塌能力。在村镇（乡）房屋中，用配筋砂浆带代替钢筋混凝土圈梁，主要考虑农民的经济承受能力，对经济状况好的地区，可按《建筑抗震设计规范》要求设置钢筋混凝土圈梁。由于同等厚度的石结构墙体相对其他材料墙体来说质量较大，石墙体配筋砂浆带的砂浆强度等级和纵向钢筋配置量比其他结构类型的稍大。对配筋砂浆带的砂浆强度等级、厚度及配筋做出规定是为了保证圈梁的质量，使其起到应有的作用。故对配筋砂浆带的设置和构造的基本要求规定如下：

1）石结构房屋配筋砂浆带设置部位：

（1）所有纵横墙的基础顶部，每层楼、屋盖（墙顶）标高处；

（2）抗震设防烈度 8 度时，尚应在墙高中部增设一道。

2）配筋砂浆带的构造应符合下列要求：

（1）砂浆强度等级：6、7 度时不应低于 M5，8 度时不应低于 M7.5；

（2）配筋砂浆带的厚度不宜小于 50 mm；

（3）配筋砂浆带的纵向钢筋配置不应低于表 5.10 的要求。

表 5.10　配筋砂浆带最小纵向配筋

墙体厚度 t（mm）	6、7 度	8 度
≤300	$2\phi8$	$2\phi10$
>300	$3\phi8$	$3\phi10$

5.6.4　钢筋石过梁

在村镇建筑中，不少石砌体房屋的门窗过梁是用整块条石砌筑的,由于条石是脆性材料,抗弯强度低,条石过梁在跨中横向断裂较为常见。为防止地震中因过梁破坏导致房屋震害加重,借鉴《砌体结构设计规范》(GB 50003)对钢筋砖过梁的计算方法,用以计算钢筋石过梁。钢筋石过梁底面砂浆层中的钢筋配筋量可以查表 5.11,在经济条件允许的条件下,石墙房屋应尽可能采用钢筋混凝土过梁。

表 5.11　钢筋石过梁底面砂浆层中的钢筋配筋量

过梁上墙体高度 h_w(m)	门窗洞口宽度 b(m)	
	$b \leqslant 1.5$	$1.5 < b \leqslant 1.8$
$h_w \geqslant b/2$	$4\phi6$	$4\phi6$
$\leqslant h_w < b/2$	$4\phi6$	$4\phi8$

钢筋混凝土楼(屋)盖房屋,门窗洞口宜采用钢筋混凝土过梁;木楼(屋)盖房屋,门窗洞口可采用钢筋混凝土过梁或钢筋石过梁。当门窗洞口采用钢筋石过梁时,钢筋石过梁的构造应符合下列规定:

(1) 钢筋石过梁底面砂浆层中钢筋配筋量不应低于表 5.11 的规定,也可按式(5-16)计算,间距不宜大于 100 mm;

$$M \leqslant 0.85 h_0 f_y A_s \qquad (5\text{-}16)$$

式中　M——按简支梁计算的跨中弯矩设计值(N·mm);

　　　f_y——钢筋的抗拉强度设计值(N/mm²),对 HPB235(Ⅰ级)和 HRB335(Ⅱ级)热轧钢筋 f_y 分别取为 210 N/mm²、300 N/mm²;

　　　A_s——受拉钢筋的截面面积(mm²);

　　　h_0——过梁截面的有效高度(mm),$h_0 = h - a$;

　　　a_s——受拉钢筋重心至截面下边缘的距离(mm);

　　　h——过梁的截面计算高度(mm),取过梁底面以上的墙体

104

高度,但不大于 $l_n/3$;当考虑梁、板传来的荷载时,则应按梁、板下的高度计算;

　　l_n——过梁的净跨度(mm)。

　　关于钢筋石过梁的选型和配筋详见附录2。

　　(2)钢筋石过梁底面砂浆的厚度不宜小于 40 mm,砂浆强度等级不应低于 M5,钢筋伸入支座长度不宜小于 300 mm。

　　(3)钢筋石过梁截面高度内的砌筑砂浆强度等级不宜低于 M5。

　　(4)钢筋石过梁的受弯承载力可按式(5-16)计算。

　　(5)过梁底面砂浆层处的钢筋,其直径不应小于 6 mm,间距不宜大于 100 mm。

5.6.5　纵向水平系杆设置

　　设置纵向水平系杆可以加强石结构房屋屋盖系统的纵向稳定性,提高屋盖系统的抗侧能力,改善石房屋的抗震性能。当采用墙揽与各道横墙连接时还可以加强横墙平面外的稳定性。因此,石结构房屋应在跨中屋檐高度处设置纵向水平系杆,系杆应采用墙揽与各道横墙连接并与屋架下弦杆钉牢。

　　针对木屋盖石结构房屋,其应在跨中屋檐高度处设置纵向水平系杆,系杆应采用墙揽与各道横墙连接或与屋架下弦杆钉牢。

　　当采用硬山搁檩木屋盖时,应采取措施加强檩条与山墙的连接,同时加强屋盖系统各构件之间的连接,提高屋盖的整体刚度,以减小屋盖在地震作用下的变形和位移,减轻山墙的破坏。故屋盖木构件拉接措施应符合下列要求:

　　(1)檩条应在内墙满搭并用扒钉钉牢,不能满搭时应采用木夹板对接或燕尾榫扒钉连接,搭接做法详见图 5.6(a)、(b);

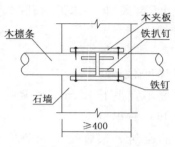

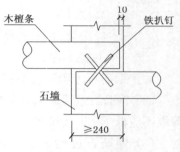

（a）檩条连接（用于平毛石墙）　　　　（b）檩条连接（用于料石墙）

图 5.6　搭接做法

（2）木檩条应用 8 号铅丝与山墙配筋砂浆带中的预埋件拉接；

（3）木屋盖各构件应采用圆钉、扒钉或铅丝等相互连接。

5.6.6　木屋架的构造要求

木屋架包括屋架、椽条、檩条、屋面板及屋面覆盖材料等部分。其中，木屋架是木屋盖系统的最主要的承重结构。其常用外形有：三角形、长方形、梯形（单斜或双斜）、弧形及多边形等数种。

当采用木屋架屋盖时，屋架的构造措施、山墙与木屋盖及檩条的连接、山墙（山尖墙）墙榄的设置与构造，以及屋架构件之间的连接措施等应符合下列要求：

（1）木屋架上檩条应满搭或采用夹板对接或燕尾榫、扒钉连接。

（2）屋架上弦檩条搁置处应设置檩托，檩条与屋架应采用扒钉或铁丝等相互连接。

（3）檩条与其上面的椽子或木望板应采用圆钉、铁丝等相互连接。

（4）椽子与其上面的椽子或木望板应用圆钉与檩条钉牢。

（5）三角形木屋架的跨中处应设置纵向水平系杆，系杆应与下弦杆钉牢；屋架腹杆与弦杆除用暗榫连接外，还应采用双面扒钉钉牢。

（6）三角形木屋架的剪刀撑宜设置在靠近上弦屋脊节点和下弦中间节点处；剪刀撑与屋架上、下弦之间及剪刀撑中部宜采用螺栓连接（图 5.7）；剪刀撑两端与屋架上、下弦应顶紧不留空隙。

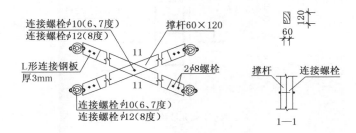

图 5.7　三角形木屋架竖向剪刀撑

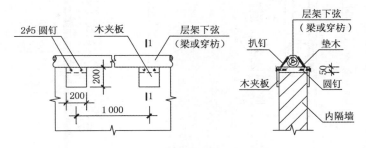

图 5.8　内隔墙墙顶与屋架下弦的连接

（7）内隔墙墙顶与梁或屋架下弦应每隔 1 000 mm 采用木夹板或铁杆连接。详见图 5.8。

（8）坡屋顶房屋的屋架应与顶层圈梁可靠连接，檩条或屋面板应与墙、屋架可靠连接，房屋出入口处的檐口瓦与屋面构件锚固。采用硬山搁檩时，顶层内纵墙顶宜增砌支撑山墙的踏步式墙垛,并设置构造柱。对于出入口处的女儿墙应有锚固措施,如图 5.9 所示。

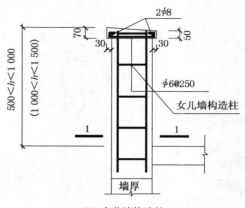

(a) 女儿墙构造柱

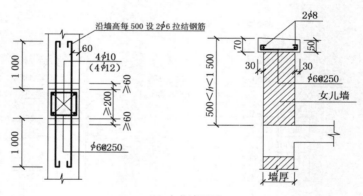

(b) 女儿墙压顶

图 5.9　出入口处女儿墙的锚固

5.6.7　楼梯间

在历次震害中,石结构房屋楼梯间墙体的破坏比其他部位的墙体严重,其主要原因如下:楼梯间的刚度一般较大,分配的地震作用往往比其他部位大;楼梯间顶层休息平台以上纵墙的净高度为一般楼层高度的 1.5 倍左右,稳定性差;楼梯构件如伸入墙壁,则削弱了墙体的截面面积,如不伸入墙体,则墙体沿高度方向又缺乏支撑点;设在房屋两端的楼梯间,受地震产生的扭转作用影响较大。因此,楼梯间不宜设置在房屋的尽端和转角处。同时,楼梯间还应在构造上采取加强措施。则楼梯间应符合下列要求:

(1)突出屋面的楼梯间,其内外墙交接处应沿墙高每隔 500~700 mm 设 2φ6 拉结钢筋,且每边伸入墙内不应小于 1 000 mm。

(2)抗震设防烈度为 7、8 度时,顶层楼梯间横墙和外墙宜沿墙高每隔 1 000 mm 左右设 2φ6 通长钢筋。

5.6.8 构造柱的设置

钢筋混凝土构造柱,是指先砌筑石墙体,然后在墙体两端或者纵横墙交接处现浇钢筋混凝土所形成的柱。震害调查表明,在石砌体房屋中设置钢筋混凝土构造柱,虽然对墙体初裂前的抗剪能力并无明显提高,但有助于防止房屋在罕遇地震中发生突然倒塌。带构造柱的墙体或者房屋,其变形能力和延性得到较大的提高。在墙体开裂以后,以其塑性变形和滑移摩擦来消耗地震能量,特别是构造柱在限制破碎墙体位移方面具有突出的作用。只要构造柱的主筋还部分起作用,墙体被约束在其自身的平面内滑移,摩擦作用继续存在,墙体仍能承担竖向压力和一定的水平地震作用,石砌体房屋就能够在大震中裂而不倒。

构造柱的主要作用发生在墙体受力破坏的后期,因此,它对进行承载力验算的帮助是不大的。它有抗剪、抗拉的作用,但却不是主要的。因此,在这里主要把它当做一种抗震构造措施来采用。

1)构造柱布置位置:

(1)外墙四角、楼梯间四角。

（2）抗震设防烈度为 6 度时隔开间的内外墙交接处。

（3）抗震设防烈度为 7、8 度每开间的内外墙交接处。

2）构造柱的截面尺寸

构造柱最小截面不宜小于 240 mm×240 mm，纵向钢筋不小于 4φ10，箍筋直径宜采用 φ6，间距不宜大于 200 mm。构造柱上下端箍筋加密。房屋四角的构造柱应适当加大截面和配筋。

3）构造柱的构造要求

（1）构造柱与墙连接处应砌成马牙搓，沿墙高每隔 500 mm 设 2φ6 水平钢筋和 φ4 分布钢筋平面内点焊组成的拉结网片或 φ4 点焊钢筋网片，每边伸入墙内不宜小于 1 m。6、7 度时底部1/3楼层，8 度时底部 1/2 楼层，9 度时全部楼层，上述拉结钢筋网片应沿墙体水平通长设置。

（2）构造柱与圈梁连接处，构造柱的纵筋应在圈梁纵筋内侧穿过，保证构造柱纵筋上下贯通。

（3）构造柱可不单独设置基础，但应伸入室外地面下 500 mm，或与埋深小于 500 mm 的基础圈梁相连。

5.6.9 钢筋混凝土圈梁的构造措施

圈梁和构造柱一样，是石砌体房屋的重要抗震构造措施。圈梁可加强墙体间以及墙体与楼盖的连接，在水平方向将屋盖连接成整体，从而增加房屋的整体性和空间刚度。与此同时，圈梁可减小墙体的自由长度，增加墙体的稳定性，约束墙体裂缝的发展，提高强的抗剪能力。圈梁与构造柱一起，形成石砌体房屋的箍，大大改善房屋的抗震性能。

同时，设置圈梁可以减轻地基不均匀沉陷对房屋的影响。各层圈梁，特别是屋盖处和基础处的圈梁，能提高房屋的竖向刚度和抗御不均匀沉陷的能力。同时也可以减轻和防止地震时的地面裂缝将房屋撕裂。

因此,设置圈梁是提高房屋抗震性能,减轻震害的有效措施。故对石砌体房屋的圈梁的设置应符合以下要求:

(1)木屋盖的石砌体房,应按表 5.12 的要求设置圈梁;纵墙承重时,抗震横墙上的圈梁间距应比表内要求适当加密。

表 5.12　石砌体房屋现浇钢筋混凝土圈梁设置要求

墙类	烈　度	
	6、7 度	8 度
外墙和内纵墙	屋盖处及每层楼盖处	屋盖处及每层楼盖处
内横墙	同上; 屋盖处间距不应大于 4.5 m; 楼盖处间距不应大于 7.2 m; 构造柱对应部位	同上; 各层所有横墙,且间距不应大于 4.5 m; 构造柱对应部位

(2)石砌体房屋现浇钢筋混凝土圈梁的构造应符合下列要求:

① 圈梁应闭合,遇有洞口圈梁应上下搭接,圈梁宜与预制板设在同一标高处或紧靠板底;

② 圈梁在《建筑抗震设计规范》(GB 50011—2010)第 7.3.3 条要求的间距内无横墙时,应利用梁或板缝中配筋替代圈梁;

③ 圈梁的截面高度不应小于 120 mm,配筋应符合表 5.13 的要求;按《建筑抗震设计规范》(GB 50011—2010)第 3.3.4 条 3 款要求增设的基础圈梁,截面高度不应小于 180 mm,配筋不应少于 4φ12。

表 5.13　石砌体房屋圈梁配筋要求

配筋	烈　度		
	6、7 度	8 度	9 度
最小纵筋	4φ10	4φ10	4φ10
箍筋最大间距(mm)	250 mm	200 mm	150 mm

④ 每层的纵横墙均应设置圈梁,其截面高度不应小于

120 mm,宽度宜与墙厚相同,纵向钢筋不应小于 4φ10,箍筋间距不宜大于 200 mm。

5.6.10 楼屋盖的抗震构造措施

地震作用主要集中在楼屋盖水平处,并通过楼屋盖与墙体的连接传给下层墙体。因此,楼屋盖与墙体间的牢靠连接,是加强楼(屋)盖的刚度和加强房屋空间作用的重要措施,因而各层的地震剪力需要通过楼(屋)盖与墙体的连接传递至下层墙体。故石砌体房屋的楼、屋盖应符合下列要求:

(1)预制板伸进纵、横墙内的长度,均不应小于 120 mm。

(2)预制钢筋混凝土屋面板,当圈梁未设在板的同一标高时,板端伸进外墙的长度不应小于 120 mm,伸进内墙的长度不应小于 100 mm 或采用硬架支模连接,在梁上不应小于 80 mm 或采用硬架支模连接。

(3)当板的跨度大于 4.8 m 并与外墙平行时,靠外墙的预制板侧边应与墙或圈梁拉结。

(4)房屋端部大房间的楼盖,6 度时房屋的屋盖和 7～8 度时房屋的楼、屋盖,当圈梁设在板底时,钢筋混凝土预制板应相互拉结,并与梁、墙或圈梁拉结。

(5)楼、屋盖的钢筋混凝土梁或屋架应与墙、柱(包括构造柱)或圈梁可靠连接;不得采用独立石柱。跨度不小于 6 m 大梁的支撑构件应采用组合砌体等加强措施,并满足承载力要求。

5.6.11 阳台、过梁、烟道、石板

(1)预制阳台,6、7 度时应与圈梁和楼板的现浇板带可靠连接,8 度时不应采用预制阳台。

(2)门窗洞口不应采用石砌过梁;过梁支撑长度,6～8 度时

不应小于 240 mm。

（3）后砌的非承重石砌体隔墙，烟道、风道、垃圾道等应符合《建筑抗震设计规范》(GB 50011—2010)第 13.3 的有关规定。

（4）洞口作为石墙体的薄弱环节，因此需要对洞口的面积加以限制，故抗震横墙洞口的水平截面面积，不应大于全截面面积的1/3。

（5）石板多有节理缺陷，在建房过程中常因堆载断裂造成人员伤亡事故，因此，不应采用石板作为承重构件。

第六章

村镇石结构房屋设计实例

例:某两层住宅,平面图如图 6.1 所示,层高 3.3 m,房屋四开间,开间尺寸为 3.6 m,墙体厚度为 240 mm,墙体材料重度为 26.4 kN/m³,预制圆孔板楼屋盖,采用 M5 的砂浆砌筑,各部分荷载折算后(恒载与活载组合):屋面荷载 4.0 kN/m²,楼面荷载 3.5 kN/m²,抗震设防烈度 7 度,试对该房屋进行抗震承载力计算。

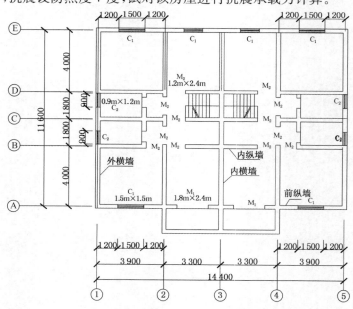

图 6.1 某两层住宅平面图

1. 纯理论计算

(1) 地震作用计算

1) 结构等效重力荷载 G_{eq}

对于两层石结构房屋来说,结构等效重力荷载可取一、二两层重力荷载代表值之和(G_1+G_2)的 95%。

① 二层重力荷载代表值:

二层重力荷载代表值等于二层墙体重量的一半加上屋盖重量:

屋盖重量: $11.6×14.4×4=668.2(kN)$

二层纵墙重: $[14.4×3.3×5-1.5×1.5×6-1.8×2.4×2-1.2×2.4×8+7.2×3.3]×0.24×26.4+6.6×3.3=1\ 357.2(kN)$

二层横墙重: $[11.6×3.3×5-0.9×1.2×4-1.2×2.4×4+3.6×3.3×2-0.9×1.2×4]×0.24×26.4=1\ 235.5(kN)$

二层重力荷载代表值: $G_2=668.2+(1\ 357.2+1\ 235.5)/2=1\ 964.6(kN)$

② 一层重力荷载代表值:

一层重力荷载代表值等于一、二层墙体重量与楼梯间重量之和的一半加上楼盖重量,注意计算一层墙体重量时,计算层高 H_1 为一层层高加上室内外高差。

楼盖重: $(3.9×2×11.6+3.6×2×11.6-1.8×3.6×2)×3.5=541.1(kN)$

一层纵墙重: $[14.4×3.3×5-1.5×1.5×6-1.8×2.4×2-1.2×2.4×8+7.2×3.3]×0.24×26.4+6.6×3.3=1\ 357.2(kN)$

一层横墙重: $(11.6×3.3×5-0.9×1.2×4-1.2×2.4×4+3.6×3.3×2-0.9×1.2×4)×0.24×26.4=1\ 235.5(kN)$

楼梯间重：3.3×1.8×2×4＝47.52(kN)

一层重力荷载代表值：$G_1 = 541.1 + [(1\ 357.2 + 1\ 208.1) \times 2 + 47.52]/2 = 3\ 159.6$(kN)

结构等效重力荷载：$G_{eq} = 0.95 \times (G_1 + G_2) = 0.95 \times (1\ 964.6 + 3\ 159.6) = 4\ 867.9$(kN)

2）基本烈度地震作用下房屋各层水平地震作用标准值

水平地震作用标准值：$F_{Ekb} = \alpha_{maxb} \times G_{eq}$。$\alpha_{maxb}$的取值参照下表：

表 6.1　水平地震影响系数最大值 α_{maxb}

烈度	6 度	7 度	7 度(0.15g)	8 度	8 度(0.30g)	9 度
α_{maxb}	0.12	0.23	0.36	0.45	0.68	0.90

$$F_{Ekb} = 0.36 \times 4\ 867.9 = 1\ 752.4(\text{kN})$$

两层房屋的各层按底部剪力法分配地震力：

房屋二层的水平地震作标准值为：

$$F_2 = \frac{G_2 H_2}{G_1 H_1 + G_2 H_2} F_{Ekb}, \ H_1 = 3.3\ \text{m}, \ H_2 = 6.6\ \text{m};$$

$$则\ F_2 = 971.3(\text{kN})$$

房屋一层水平地震作用标注值 $F_1 = F_{Ekb} = 1\ 752.4$(kN)

3）最不利墙段基本烈度地震作用下剪力标准值 V_b

按照《村镇(乡)村建筑抗震技术规程》抗震设计方法，纵横向分别选取最不利的前纵墙和内横墙进行抗震承载力进行验算。

预应力钢筋混凝土圆孔板属于半刚性楼盖。半刚性楼盖房屋计算，其水平地震剪力可取按抗震力构件（即抗震墙）从属面积上重力荷载代表值的比例和按抗侧力构件（即抗震墙）等效刚度的比例两种分配结果的平均值，从属面积按左右两侧相邻抗震墙间距的一半计算，等效刚度简化后按层高的一半处墙体截面积取值。

① 二层最不利墙段所受地震剪力：

二层前纵墙：

按抗侧力构件（即抗震墙）从属面积上重力荷载代表值的比例分配：

$$4/2/11.6 = 0.172$$

按抗侧力构件（即抗震墙）等效刚度的比例分配：

$(14.4-1.5×2-1.8×2)/[(14.4-1.5×2-1.8×2)+(14.4-1.2×4)+(14.4-2×1.2)+(14.4-4×1.5)]=0.157$

两种分配结果的平均值：

$$(0.172+0.157)/2 = 0.165$$

所以二层前纵墙 $V_b = 0.165×F_2 = 0.165×971.3$
$$=160.3\text{ kN}$$

二层内横墙：

按抗侧力构件（即抗震墙）从属面积上重力荷载代表值的比例：

$$(3.3+3.9)/2/14.4 = 0.25$$

按抗侧力构件（即抗震墙）等效刚度的比例：

$(11.6-2×1.2)/[(11.6-2×1.2)×2+11.6+(11.6-2×0.9)×2] = 0.185$

两种分配结果的平均值：

$$(0.25+0.185)/2 = 0.218$$

所以二层内横墙　$V_b=0.218×971.3=211.7(\text{kN})$

二层内纵墙：

按抗侧力构件（即抗震墙）从属面积上重力荷载代表值的比例：

$$(4+1.8)/2/11.6 = 0.25$$

按抗侧力构件(即抗震墙)等效刚度的比例：

$(14.4-4×1.2)/[(14.4-1.5×2-1.8×2)+(14.4-1.2×4)+(14.4-1.2×2)+(14.4-2×1.2)+(14.4-4×1.5)]=0.193$

两种分配结果的平均值：

$$(0.25+0.193)/2=0.222$$

所以二层内纵墙：$V_b=0.222×971.3=215.6(kN)$

② 一层最不利墙段所受地震力：

一层最不利墙段所受地震力的分配结果与二层相同,所以有：

一层前纵墙：$0.165×1752.4=289.1(kN)$

一层内横墙：$0.218×1752.4=382.0(kN)$

一层内纵墙：$0.222×1752.4=389.0(kN)$

(2) 墙体抗力计算

根据村镇建筑抗震技术规程：$V_b ≤ \gamma_{bE} \zeta_N f_{v,m} A$

1) 二层最不利墙体抗力

① 二层前纵墙：

二层前纵墙为非承重墙,极限承载力抗震调整系数 γ_{bE} 取 0.95

砌体抗震抗剪强度正应力影响系数 ξ_N：

$$\zeta_N = \frac{1}{1.2}\sqrt{1+0.45\sigma_0/f_v}$$

二层前纵墙在层高一半处所承受荷载为前纵墙重量的一半：

$(14.4×3.3-2×1.5×1.5-1.8×2.4)×0.24×26.4/2=108.9(kN)$

二层纵墙横截面面积 A：$(14.4-2×1.5-2×1.8)×0.24=1.872(m^2)$

$$\sigma_0 = 108.9/1.872 = 58.2(\text{kPa})$$

根据村镇(乡)村建筑抗震技术规程,砌筑砂浆强度等级为 M5 的料石墙体抗剪强度设计值 $f_v = 0.16\text{ N/mm}^2$,抗剪强度平均值

$$f_{v,m} = 2.7 f_v = 2.7 \times 0.16 = 0.432$$

$$\xi_N = \frac{1}{1.2}\sqrt{1 + 0.45 \times 0.058\ 2/0.16} = 0.899$$

二层前纵墙抗力:

$$\begin{aligned}\gamma_{bE}\zeta_N f_{v,m} A &= 0.95 \times 0.899 \times 0.432 \times 1.872 \times 1\ 000 \\ &= 690.7(\text{kN})\end{aligned}$$

② 二层内横墙:

二层内横墙为承重墙,极限承载力抗震调整系数 γ_{bE} 取 0.85

二层内横墙在层高一半处所承受荷载由内横墙重量的一半和所承受的屋盖重量组成:

$$(11.6 \times 3.3 - 2 \times 1.2 \times 2.4) \times 0.24 \times 26.4/2 + (3.3 + 3.9)/2/14.4 \times 668.2 = 270.3(\text{kN})$$

二层内横墙横截面面积 A:$(11.6 - 2 \times 1.2) \times 0.24 = 2.208(\text{m}^2)$

$$\sigma_0 = 270.3/2.208 = 122.4(\text{kPa})$$

$$f_v = 0.16\text{ N/mm}^2,\ f_{v,m} = 2.7 f_v = 2.7 \times 0.16 = 0.432$$

$$\zeta_N = \frac{1}{1.2}\sqrt{1 + 0.45 \times 122.4/(0.16 \times 1\ 000)} = 0.966$$

二层内横墙抗力:

$$\begin{aligned}\gamma_{bE}\zeta_N f_{v,m} A &= 0.85 \times 0.966 \times 0.432 \times 2.208 \times 1\ 000 \\ &= 783.2(\text{kN})\end{aligned}$$

③ 二层内纵墙:

二层内纵墙为非承重墙,极限承载力抗震调整系数 γ_{bE} 取 0.95

二层内纵墙在层高一半处所承受荷载为内纵墙重量的一半:

$(14.4 \times 3.3 - 4 \times 1.2 \times 2.4) \times 0.24 \times 26.4/2 = 114.05(\text{kN})$

二层内纵墙横截面面积 A: $(14.4 - 4 \times 1.2) \times 0.24 = 2.304(\text{m}^2)$

$$\sigma_0 = 114.05/2.304 = 49.50(\text{kPa})$$

$f_v = 0.16 \text{ N/mm}^2,$

$f_{v,m} = 2.7 f_v = 2.7 \times 0.16 = 0.432 \text{ N/mm}^2$

$$\zeta_N = \frac{1}{1.2}\sqrt{1 + 0.45 \times 49.50/(0.16 \times 1\,000)} = 0.889$$

二层内纵墙抗力:

$$\gamma_{bE}\zeta_N f_{v,m} A = 0.95 \times 0.889 \times 0.432 \times 2.304 \times 1\,000$$
$$= 840.60(\text{kN})$$

2) 二层最不利墙体抗力

① 一层前纵墙:

一层前纵墙为非承重墙,极限承载力抗震调整系数 γ_{bE} 取 0.95

一层前纵墙在层高一半处所承受荷载由二层前纵墙重量加上一层前纵墙重量的一半:

$(14.4 \times 3.3 - 2 \times 1.5 \times 1.5 - 2 \times 1.8 \times 2.4) \times 0.24 \times 26.4 + (14.4 \times 3.3 - 2 \times 1.5 \times 1.5 - 2 \times 1.8 \times 2.4) \times 0.24 \times 26.4/2 = 163.35(\text{kN})$

一层前纵墙横截面面积计算: $A = 1.872 \text{ m}^2$

$$\sigma_0 = 163.35/1.872 = 87.3(\text{kPa})$$

$$f_v = 0.16(\text{N/mm}^2),$$

$$f_{v,m} = 2.7f_v = 2.7 \times 0.16 = 0.432(\text{N/mm}^2)$$

$$\zeta_N = \frac{1}{1.2}\sqrt{1 + 0.45 \times 87.3/(0.16 \times 1\ 000)} = 0.930$$

一层前纵墙抗力：

$$\gamma_{bE}\zeta_N f_{v,m}A = 0.95 \times 0.930 \times 0.432 \times 1.872 \times 1\ 000$$
$$= 714.5(\text{kN})$$

② 一层内横墙：

一层内横墙为承重墙,极限承载力抗震调整系数 γ_{bE} 取 0.85

一层内横墙在层高一半处所承受荷载由以下几部分组成：

二层内横墙重量加上一层内横墙重量的一半：

$(11.6 \times 3.3 - 2 \times 1.2 \times 2.4) \times 0.24 \times 26.4 + (11.6 \times 3.3 - 2 \times 1.2 \times 2.4) \times 0.24 \times 26.4/2 = 154.62(\text{kN})$

二层内横墙所承受的屋盖重量：

$$(3.3 + 3.9)/2/14.4 \times 668.2 = 167.05(\text{kN})$$

一层内横墙所承受的楼盖重量：

$(3.3 + 3.9) \times 3.5 \times 11.6/2 - 1.8 \times 3.6 \times 3.5/2 = 134.82(\text{kN})$

一层内横墙所承受的楼梯间重量：

$$3.3 \times 1.8 \times 4/2 = 11.88(\text{kN})$$

所以一层内横墙在层高一半处所承受的荷载为：

$$154.62 + 167.05 + 134.82 + 11.88 = 468.4(\text{kN})$$

一层内横墙横截面面积：$A = (11.6 - 2 \times 1.2) \times 0.24 = 2.208(\text{m}^2)$

$$\sigma_0 = 468.4/2.208 = 212.2(\text{kPa})$$

$$f_v = 0.16(\text{N/mm}^2),$$

$$f_{v,m} = 2.7f_v = 2.7 \times 0.16 = 0.432(\text{N/mm}^2)$$

$$\zeta_N = \frac{1}{1.2}\sqrt{1 + 0.45 \times 212.2/(0.16 \times 1\,000)} = 1.05$$

一层内横墙抗力：

$$\gamma_{bE}\zeta_N f_{v,m}A = 0.85 \times 1.05 \times 0.432 \times 2.208 \times 1\,000$$
$$= 851.3(\text{kN})$$

③ 一层内纵墙：

一层内纵墙为非承重墙,极限承载力抗震调整系数 γ_{bE} 取 0.95

一层内纵墙为一层内纵墙的墙体重量的一半加上二层的墙体重量：

$(14.4 \times 3.3 - 4 \times 1.2 \times 2.4) \times 0.24 \times 26.4 + (14.4 \times 3.3 - 4 \times 1.2 \times 2.4) \times 0.24 \times 26.4/2 = 342.15(\text{kN})$

二层内纵墙横截面面积：$A = (14.4 - 4 \times 1.2) \times 0.24 = 2.304(\text{m}^2)$

$$\sigma_0 = 342.15/2.304 = 148.5(\text{kPa})$$

$$f_v = 0.16(\text{N/mm}^2),$$

$$f_{v,m} = 2.7f_v = 2.7 \times 0.16 = 0.432(\text{N/mm}^2)$$

$$\zeta_N = \frac{1}{1.2}\sqrt{1 + 0.45 \times 148.5/(0.16 \times 1\,000)} = 0.992$$

一层内纵墙抗力：

$$\gamma_{bE}\zeta_N f_{v,m}A = 0.85 \times 0.992 \times 0.432 \times 2.304 \times 1\,000$$
$$= 839.3(kN)$$

墙体抗震承载力验算：

二层前纵墙抗力与作用的比值为：690.7/160.3＝4.3＞1,满足验算要求。

二层内横墙抗力与作用的比值为：783.2/215.6＝3.63＞1,满足验算要求。

二层内纵墙抗力与作用的比值为：840.6/215.6＝3.90＞1,满足验算要求。

一层前纵墙抗力与作用的比值为：714.5/289.1＝2.47＞1,满足验算要求。

一层内横墙抗力与作用的比值为：851.3/382.0＝2.22＞1满足验算要求。

一层内纵墙抗力与作用的比值为：839.3/389.0＝2.16＞1,满足验算要求。

计算完毕。

2. 查表计算

该两层住宅的所有参数如下,抗震设防烈度 7 度(0.15g),两层四开间,层高 3.3 m,开间尺寸为 3.6 m,墙体厚度为 240 mm,预制圆孔板楼屋盖,采用 M5 的砂浆砌筑,抗震横墙间距为 3.6 m,3.3 m,查附录 1,7 度,两层,层高 3.3 m,墙体类别②类,抗震横墙间距分别为 3.6 m 和 3.3 m,砂浆强度等级为 M5 时,房屋一、二层宽度限值(B)均为下限 4 m,上限 13 m,本房屋宽度为 13.1 m,基本上满足要求,故二层房屋的抗震承载力符合要求。

第七章

村镇石结构房屋施工

7.1 石砌体材料要求

7.1.1 料石

1. 料石基础主要采用毛料石或粗料石。料石墙体可采用毛料石、粗料石、细料石,料石柱、标志性建筑物及构筑物可采用细料石。

2. 用于清水墙、柱表面的石材,色泽应均匀,加工纹路及精细程度应一致。

3. 选用石材的品种、规格、颜色必须符合设计要求,其材质必须质地坚实,无风化剥落和裂纹,石材表面的泥垢、水锈等杂质应在砌筑前清除。

4. 料石应六面方整,四角齐全,边棱整齐。料石的宽度不宜小于 240 mm,高度不宜小于 220 mm,长度宜为高度的 2～3 倍,但不宜大于高度的 4 倍;料石加工的要求和允许偏差应符合表 7.1 和表 7.2 的要求。

表 7.1 料石各面的加工要求

项次	料石种类	外露面及相接周边的表面凹入深度(mm)	叠砌面和接砌面的表面凹入深度(mm)
1	细料石	不大于 2	不大于 10
2	粗料石	不大于 20	不大于 20
3	毛料石	稍加修整	不大于 25

注：1. 相接周边的表面系指叠砌面、接砌面与外露面相接处 20～30 cm 范围内部分。
   2. 如设计有特殊要求，应按设计要求加工。

表 7.2 料石加工允许偏差

项次	料石种类	允许偏差(mm)	
		宽度、厚度	长度
1	细料石	±3	±5
2	粗料石	±5	±7
3	毛料石	±10	±15

注：如设计有特殊要求，应按设计要求加工。

5. 用作过梁的料石，其加工要求如下：

厚度应为 200～450 mm，净跨度不宜大于 1.2 m，两端各伸入墙内长度不应小于 250 mm，过梁宽度与墙厚相同，也可用双拼料石，过梁底面应加工平整。

6. 用作平拱的料石，其加工要求如下：

(1) 平拱石应加工成楔形(上宽下窄)，斜度应预先设计。

(2) 拱两端部的石块，在拱脚处坡度以 60°为宜。

(3) 平拱石块数应为单数，厚度与墙厚相等，高度为二皮料石高。

(4) 拱脚处斜面应修整加工，使其与拱石相吻合。

7. 用作圆拱的料石，其加工要求如下：

(1) 圆拱石应加工成楔形(上宽下窄)，块数应为单数，厚度与墙厚相等。

（2）圆拱石应进行细加工，使其接触面吻合严密，形状及尺寸均应符合设计要求。

8. 选用的石材，其强度等级不应低于 MU20。

9. 料石表面的泥垢、水锈等杂质，砌筑前应清刷（洗）干净。

10. 在搬运和施工过程中，料石断裂或棱角受损严重，不得使用。

11. 在基槽深度超过 2 m 时，料石应用溜槽或滑板轻轻放下，禁止直接抛掷。

7.1.2 毛石

1. 毛石应呈扁平块状，其厚度不宜小于 150 mm。

2. 毛石应质地坚实，岩种应符合设计要求，无风化剥落和裂纹，无细长扁薄和尖锥；有水锈的石块，石材表面的泥垢、水锈等杂质应在砌筑前清除；其品种、规格、颜色必须符合设计要求和有关施工规范的规定，应有出厂合格证。

3. 对从山上开采下的毛石，其加工要求如下：

（1）首先是剔除风化石，对过分大的石块要用大锤砸开，使毛石的大小适宜（一般以每块重 30 kg 左右，一个人能双手抱起为宜）。

（2）砸毛石时，以目测的方法来选定合适的石块，根据砌筑部位搓口的形式和大小，墙面的缝式要求等来挑选。

4. 选用的毛石，其强度等级不低于 MU20。

5. 有抗震设防要求的地区，毛石墙体应采用平毛石砌筑。平毛石的厚度不宜小于 150 mm。

7.1.3 砌筑砂浆

1. 石砌体的砌筑砂浆宜采用水泥砂浆或水泥混合砂浆，应符合设计要求,当设计无要求时,砂浆的强度等级不应低于 M5。

(1)水泥:一般采用 32.5 级或 42.5 级普通硅酸盐水泥或矿渣硅酸盐水泥,应有出厂合格证及复试报告。如出厂日期超过 3 个月,应按复试结果使用。不同品种的水泥,不得混合使用。

(2)砂:宜用粗、中砂,并应用 5 mm 孔径筛过筛。配置＜M5 的砂浆,砂的含泥量不应超过 10%;配置≥M5 的砂浆,砂的含泥量不应超过 5%,不应含有草根等杂物。

(3)掺合料:有石灰膏、磨细生石灰粉、电石膏和粉煤灰等,石灰膏和磨细生石灰粉的熟化时间分别不少于 7 d 和 2 d,严禁使用冻结或脱水硬化的石灰膏。

(4)砌筑砂浆中掺入的砂浆有机塑化剂,应具有法定检测机构出具的该产品砌体强度型式检验报告,并经砂浆性能试验合格后,方可使用。

(5)水:应用自来水或不含有害物质的洁净水。当采用其他水源时,水质应符合《混凝土拌合用水标准》(JGJ 63)的规定。

2. 采用机械搅拌,按砂子→水泥→掺合料→水的顺序投料。砂浆应搅拌充分、均匀,稠度符合要求。

3. 砂浆应随拌随用,常温下拌好的水泥砂浆和水泥混合砂浆必须在拌合后 3～4 h 内用完;当最高气温超过 30℃时,必须在拌合后 2～3 h 内用完。严禁使用过夜砂浆。

4. 砂浆在运输过程中可能产生离析、泌水现象,在使用前,应人工二次拌合。

5. 混合砂浆中,不得含有块状石灰膏或未熟化的石灰颗粒。

7.1.4　其他材料

拉结筋、预埋件应做防腐处理。

7.2 石砌体施工技术要求

7.2.1 砌石工程工艺分类

砌石工程按其坐浆与否分为浆砌石和干砌石。

1. 干砌石是指不用任何灰浆把石块砌筑起来。干砌石不宜用于砌筑墩、台、桥、涵或其他主要受力的建筑物部位,一般仅用于护坡、护底以及河道防冲部位的护岸工程。

2. 浆砌石是采用坐浆砌筑的方法。浆砌石中的胶结材料,其作用是把单个的石块联接在一起,使石块依靠胶结材料的黏结力、摩擦力和石块本身重量结合成新的整体,以保持建筑物的稳固,同时,充填着石块间的空隙,堵塞了一切可能产生的漏水通道。浆砌石具有良好的整体性、密实性和较高的强度,使用寿命长,还具有较好的防止渗水漏水和抵抗水流冲蚀的能力。

7.2.2 砌石工程操作要求

1)铺筑面准备

(1)对开挖成形的岩基面,在砌石开始之前应将表面已松散的岩块剔除,具有光滑表面的岩石须人工凿毛,并清除所有岩屑、碎片、沙、泥等杂物。

(2)对于水平灰缝,一般要求在新一层砌筑前凿去已凝固的浮浆,并进行清扫、冲洗,使新旧砌体紧密结合。对于竖向施工缝,在恢复砌筑时,必须进行凿毛、冲洗处理。

2)铺(坐)浆

(1)砌石用的砂浆一般与砌砖工程中采用的砂浆相同,但由于岩块吸水性较小,所以砂浆稠度应比砌砖砂浆小。

（2）砌筑砂浆的品种和强度等级应符合设计要求。砂浆的稠度宜为 30～50 mm，雨季或冬季稠度应小一些，在暑假或干燥气候情况下，稠度可大些。

（3）对于毛石砌体，由于砌筑表面参差不齐，必须逐块坐浆、逐块安砌，在操作时还须认真调整，务使坐浆密实，以免形成空洞。

（4）小石子砂浆或细石混凝土的铺浆厚度为设计灰缝厚度的 1.3 倍。铺浆后须经人工稍加平整，并剔除超径突出的骨料，然后摆放石料。对于毛石砌体，坐浆厚度约 80 mm 左右，以盖住凹凸不平的层面为度。

（5）坐浆一般只宜比砌石超前 0.5～1 m 左右，坐浆应与砌筑相配合。

3）安放石料

（1）把洗净的湿润石料安放在坐浆面上，用铁锤敲击石面，使坐浆开始溢出为度。

（2）石料之间的砌缝宽度应严格控制，采用水泥砂浆砌筑时，毛石的灰缝厚度一般为 20～40 mm，料石的厚度为 5～20 mm；采用细石混凝土砌筑时，一般为所用骨料最大粒径的 2～2.5 倍。

4）竖缝灌浆

安放石料后，应及时进行竖缝灌浆。一般灌浆与石面齐平，水泥砂浆用捣插棒捣实，细石混凝土用插入式振捣器振捣，振实后缝面下沉，待上层摊铺坐浆时一并填满。

5）振捣

（1）水泥砂浆常用钢筋捣插棒或竹片捣棒人工捣插的方法。

（2）细石混凝土一般采用 1.1 kW 的插入式振动器振捣 20～30 s，以混凝土不冒气泡并开始泛浆为度。应注意对角缝的振捣，防止重振或漏振。

（3）每一层铺砌完工 24～36 h 后（视气温及水泥种类、胶结材料标号而定)即可冲洗,准备上一层的铺浆。

7.2.3 砌石工程砌筑要领

砌石工程的砌筑要领可概括为"平、稳、满、错"四个字。

"平":同一层面大致砌平,相邻石块的高差宜小于20~30 mm。

"稳":单块石料的安砌务求自身稳定。

"满":灰缝饱满密实,严禁石块间直接接触。

"错":相邻石块应错缝砌筑,尤其不允许顺流向通缝。

7.3 毛石砌体

7.3.1 毛石基础砌筑工艺流程

工艺流程见图 7.1。

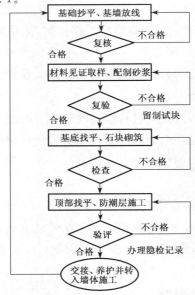

图 7.1 毛石基础施工工艺流程图

7.3.2　毛石基础施工工艺

1. 砌筑前,应检查基槽(坑)的土质、轴线、尺寸和标高,清除杂物,打好底夯。地基过湿时,应铺 10 cm 厚的砂子、矿渣、砂砾石或碎石填平夯实。

2. 根据设置的龙门板或中心桩放出基础轴线及边线,抄平,在两端立好皮数杆,划出分层砌石高度,标出台阶收分尺寸。

3. 毛石砌体的灰缝厚度宜为 20~30 mm,砂浆应饱满,石块间较大的空隙应先填塞砂浆后用碎石块嵌实,不得采用先摆碎石后塞砂浆或干填碎石块的方法。

4. 砌筑毛石基础应双面拉准线(图 7.2)。第一皮按所放的基础边线砌筑,以上各皮按准线砌筑。

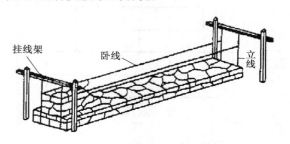

挂线架　　卧线　　立线

图 7.2　砌筑毛石基础拉线方法

5. 砌第一皮毛石时,应选用有较大平面的石块,先在基坑底铺设砂浆,再将毛石砌上,并使毛石的大面向下。

6. 砌第一皮毛石时,应分皮卧砌,并应上下错缝,内外搭砌,不得采用先砌外面石块后中间填心的砌筑方法,石块间较大的空隙应先填塞砂浆后用碎石嵌实,不得采用先摆碎石后塞砂浆或干填碎石的方法。

7. 毛石基础每 0.7 m² 且每皮毛石内间距不大于 2 m 设置一

块拉结石，上下两皮拉结石的位置应错开，立面砌成梅花形。拉结石宽度：如基础宽度等于或小于 400 mm，拉结石宽度应与基础宽度相等；如基础宽度大于 400 mm，可用两块拉结石内外搭接，搭接长度不应小于 150 mm，且其中一块长度不应小于基础宽度的 2/3。

8. 阶梯形毛石基础，上阶的石块应至少压砌下阶石块的 1/2（图 7.3）；相邻阶梯毛石应相互错缝搭接。

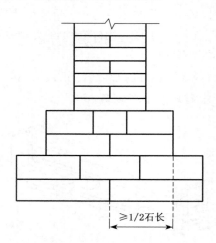

≥1/2石长

图 7.3　阶梯形毛石基础砌法

9. 毛石基础最上一皮，宜选用较大的平毛石砌筑。转角处、交接处和洞口处应选用较大的平毛石砌筑。

10. 有高低台的毛石基础，应从低处砌起，并由高台向低台搭接，搭接长度不小于基础高度。

11. 毛石基础转角处和交接处应同时砌起，如不能同时砌起又必须留槎时，应留成斜槎，斜槎长度应不小于斜槎高度，斜槎面上毛石不应找平，继续砌时应将斜槎面清理干净，浇水湿润。

12. 毛石基础每个工作日砌筑高度不得超过 1.2 m；当超过

132

1.2 m时,应搭设脚手架。

13. 每天砌完应在当天砌的砌体上,铺一层灰浆,表面应粗糙。夏季施工时,对刚砌完的砌体,应用草袋覆盖养护 5~7 d,避免风吹、日晒、雨淋。毛石基础全部砌完,要及时在基础两边均匀分层回填土,分层夯实。

14. 基础砌筑至底层室内地面－0.06 m处,进行防潮层施工。

7.3.3　毛石墙体砌筑工艺流程

工艺流程见图 7.4。

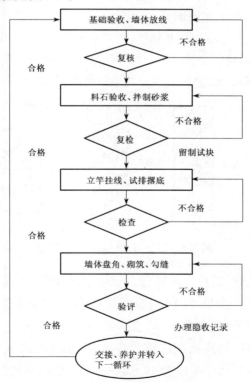

图 7.4　毛石墙体施工工艺流程图

7.3.4 毛石墙体施工工艺

1. 毛石墙砌筑前,应先清扫基础面,后在基础面上弹出墙体中心线及边线;在墙体两端竖立样杆,在两样杆之间拉准线,以控制每皮毛石进出位置,挂线分皮卧砌,每皮高约 300～400 mm。

2. 毛石墙应采用铺浆法砌筑。用较大的平毛石,先砌转角处、交接处和洞口处,再向中间砌筑。砌前应先试摆,使石料大小搭配,大面平放朝下,外露表面要平齐,斜口朝内,各皮毛石间应利用自然形状经敲打修整使其能与先砌毛石基本吻合,搭砌紧密,逐块卧砌坐浆,使砂浆饱满。

3. 上下皮毛石应相互错缝,内外搭砌,不得采用外面侧立毛石而中间填心的砌筑方法;墙体中间不得有铁锹口石(尖石倾斜向外的石块)、斧刃石和过桥石(仅在两端搭砌的石块),如图 7.5 所示。

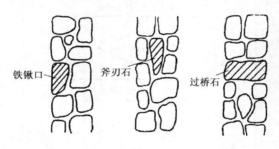

铁锹口　　　斧刃石　　　过桥石

图 7.5　过桥石、铁锹口石、斧刃石

4. 砌筑时,避免出现通缝、干缝、空缝和孔洞,同时应注意合理摆放石块,不应出现图 7.6 所示类型砌石,以免墙体承重后发生错位、劈裂、外鼓等现象。

5. 毛石墙每皮高度应控制在 300～400 mm,灰缝厚度宜为 20～30 mm,铺灰厚度宜为 40～50 mm,石块间不得直接接触;石块间有较大的空隙应先填塞砂浆后用碎石嵌实,不得采用先摆碎

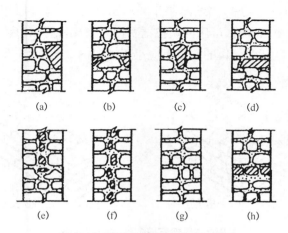

图 7.6　不正确的砌石类型示意图

（a）刀口形 1　（b）刀口形 2　（c）劈合形　（d）桥形
（e）马槽形　（f）夹心形　（g）对合形　（h）分层形

石后塞砂浆或干填碎石块的砌法。

6. 如果砌筑时毛石的形状和大小不一,难以每皮砌平,亦可采取不分皮砌法,每隔一定高度大体砌平。

7. 在转角处,应采用直角边的石料,将其角边砌在墙角一面,根据长短形状纵横搭接砌入墙内。

8. 在转角及两墙交接处应用较大和较规整的垛石相互搭砌,并同时砌筑,必要时设置拉结筋。如不能同时砌筑,应留阶梯形斜槎,不得留锯齿形直槎。

9. 在丁字接头处,要选取较为平整的长方形石块,长短纵横搭接砌入墙内,使其上下皮能相互搭砌。

10. 毛石墙的转角处及交接处应同时砌起,如不能同时砌起而必须留槎时,则应留置斜槎。

11. 毛石墙必须设置拉结石。拉结石应均匀分布,相互错开;拉结石宜每 0.7 m² 墙设置一块,且同皮内拉结石的中距不应大于

135

2 m;拉结石的长度,当墙厚等于 400 mm 时,应与墙厚相等;当墙厚大于 400 mm 时,可用两块拉结石内外搭接,搭接长度不应小于 150 mm,且其中一块的长度不应小于墙厚的 2/3,如图 7.7 所示。

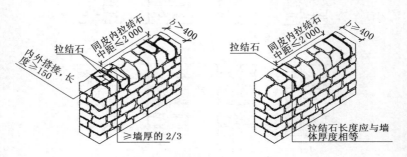

图 7.7　毛石墙砌体拉结石砌法

12. 毛石墙每日砌筑高度不应超过 1.2 m,正常气温下,停歇 4 h 后可继续垒砌。每砌 3~4 层应大致找平一次,中途停工时,石块缝隙内应填满砂浆,但该层上表面须待继续砌筑时再铺砂浆。砌至楼层高度时,应使用平整的大石块压顶并用水泥砂浆全面找平。

13. 毛石墙每砌 1.2 m 高必须找平一次;找平的方法是:当接近找平高度时,注意选石和砌石到找平面应大致水平,也就是大平小不平,而不可用砂浆和小石块来铺平。

14. 墙中门窗洞可砌砖平拱或放置钢筋混凝土过梁,并应与窗框间预留 10 mm 下沉高度。

15. 柱、壁柱部位应采用块石砌筑。

16. 砌好的面石,不允许石块上面有外低内高的现象,因为这样会形成下滑面,造成砌体表面不平整,受力不好。因此,务必使砌体的两侧稍高于中间,便于找平,受力良好。

17. 砌筑到墙顶时,应注意选石,石块不宜过小,大小要基本相同。如有高出部分则应加以修凿,使其顶面应大致平整。如有低出部分则要用小石块铺砌平整,不能全用砂浆来铺平。为了提高砌体顶面的平整及牢固性,亦可用 1∶2 水泥砂浆抹平。

7.3.5　毛石墙面勾缝施工工艺

1. 石墙面的勾缝:石墙面或柱面的勾缝形式有平缝、平凹缝、平凸缝、半圆凹缝、半圆凸缝和三角凸缝等,一般毛石墙面多采用平缝或平凸缝,如图 7.8 所示。

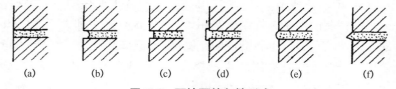

(a)　　　　(b)　　　　(c)　　　　(d)　　　　(e)　　　　(f)

图 7.8　石墙面的勾缝形式

(a) 平缝　(b) 半圆凹缝　(c) 平凹缝

(d) 平凸缝　(e) 半圆凸缝　(f) 三角凸缝

2. 勾缝砂浆宜采用 1∶1.5 水泥砂浆。

3. 毛石墙面勾缝按下列程序进行:

(1) 拆除墙面或柱面上临时装设的拦风绳、挂钩等物。

(2) 清除墙面或柱面上黏结的砂浆、泥浆、杂物和污渍等。

(3) 剔缝,即将灰缝刮深 10～20 mm,不整齐处加以修整。

(4) 用水喷洒墙面或柱面,使其湿润,随后进行勾缝。

4. 勾缝线条应顺石缝进行,且均匀一致,深浅及厚度相同,压实抹光,搭接平整。阳角勾缝要两面方整。阴角勾缝不能上下直通。勾缝不得有丢缝、开裂或黏结不牢的现象。

5. 勾缝完毕应清扫墙面或柱面,早期应洒水养护。

7.3.6 季节性施工措施

7.3.6.1 冬期施工措施

1. 当室外平均气温连续 5 d 稳定低于 5℃时(气温根据当地气候资料确定),料石墙体砌体工程应采取冬期施工措施。

2. 冬期施工期限以外,当日最低气温低于−3℃时,也应按本标准的有关规定执行。

3. 砌体工程冬期施工应有完整的冬期施工方案。

4. 进入冬期施工,砂浆宜用普通硅酸盐水泥拌制,不得使用无水泥拌制的砂浆。拌制砂浆用砂,不得含有冰块和大于 10 mm 的冻结块,石灰膏、电石膏应防止受冻,如遭冻结,应经融化后方可使用。拌合砂浆宜采用两步投料法,水的温度不得超过 80℃,砂的温度不得超过 40℃,砂浆使用时的温度应在+15℃以上。砂浆应随拌随用,普通砂浆和掺盐砂浆的储存时间分别不宜超过 15 min 和 20 min。

5. 冬期施工时,拌制砂浆用砂,不得含有冰块和大于 10 mm 的冻结块。

6. 在砌筑前,应清除石块表面的污物、冰霜,遭水浸冻的石块不得使用。

7. 砌筑好的料石砌体顶面应及时用草袋等保温材料加以覆盖,防止砌体受冻。

8. 如基土为冻胀性土时,应在未冻的基土上砌筑基础;且在施工期间和回填土前,均应防止基土受冻;已冻结的地基需开冻后方可砌筑。

9. 一般毛石墙不宜采用冻结法施工。

10. 毛石基础宜采用掺盐砂浆法或掺外加剂砂浆法施工;掺盐(外加剂)量应符合冬期施工技术措施规定。

11. 当采用掺盐砂浆法施工时,宜将砂浆强度等级按常温施工的强度等级提高一级。配筋砌体不得采用掺盐砂浆法施工。

12. 冬期施工砂浆试块的留置,除应按常温规定要求外,尚应增留不少于 1 组与砌体同条件养护的试块,测试检验 28 d 强度。

7.3.6.2　雨期施工措施

1. 雨期施工时,基础应设排水沟,保证基槽排水应通畅,防止雨水浸泡基础砌体。

2. 砌筑用外脚手架下的基土应夯实,支设木垫板,并有排水措施。

3. 每天砌筑高度不宜超过 1.2 m,下班收工时应覆盖砌体上表面。雨期施工应防止雨水冲刷墙体。下雨前,砌体顶面应覆盖。

4. 雨后进行料石砌筑,砂浆稠度可适当减小。

7.4　料石砌体

7.4.1　料石基础砌筑工艺流程

工艺流程见图 7.9。

7.4.2　料石基础施工工艺

1. 放出基础的轴线和边线,测出水平标高,立好皮数杆,拉上准线。

2. 料石基础砌筑前,应组织有关人员对基础垫层进行验收。

3. 料石基础有墙下条形基础和柱下独立基础两种。其断面形状有矩形和阶梯形等,见图 7.10。阶梯形基础每阶挑出宽度不大于 200 mm,每阶为一皮或二皮料石。

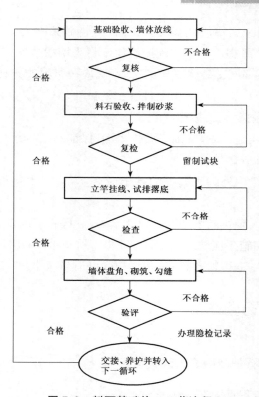

图 7.9　料石基础施工工艺流程

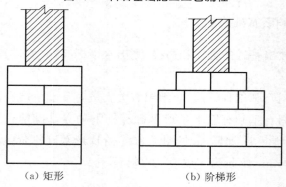

（a）矩形　　　　　　　　（b）阶梯形

图 7.10　料石基础断面形状

4. 料石基础砌筑形式有丁顺叠砌和丁顺组砌。丁顺叠砌是一皮顺石与一皮丁石相隔砌成,先丁后顺,2 皮互成 90°角的叠砌,上下皮竖缝相互错开 1/4 石长;丁顺组砌是同皮内 1～3 块顺石与 1 块丁石相隔砌成,丁石中距不大于 2 m,上皮丁石座中于下皮顺石,上下皮竖缝相互错开 1/4 石长;如图 7.11 所示。

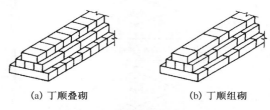

(a) 丁顺叠砌　　　　　　　　(b) 丁顺组砌

图 7.11　料石基础砌筑形式

5. 砌筑前,先根据组砌图试排料石,再盘角挂线。

6. 料石基础应双面拉准线砌筑,先砌转角处和交接处,后砌中间部分。

7. 第一皮料石应采用坐浆丁砌。阶梯形料石基础,上级阶梯的料石至少压砌下级阶梯的 1/3。

8. 砌筑时,料石要放置平稳,砂浆铺设厚度略高于规定灰缝厚度,其高出厚度:细料石、半细料石宜为 3～5 mm,粗料石、毛料石高出厚度宜为 6～8 mm。

9. 细料石灰缝厚度不大于 5 mm,半细料石灰缝不大于 10 mm,粗料石和毛料石灰缝不大于 20 mm。

10. 料石的转角处和交接处应同时砌筑,如不能同时砌筑应留置斜槎。

11. 料石基础每天砌筑高度不应超过 1.2 m。

7.4.3 料石墙体施工工艺流程

工艺流程见图 7.12。

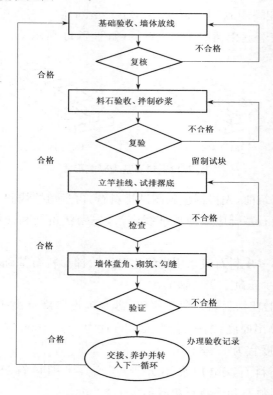

图 7.12 料石墙体施工工艺流程图

7.4.4 料石墙体施工工艺

1. 料石墙体的砌筑形式有全顺叠砌、丁顺叠砌和丁顺组砌，如图 7.13 所示。

（1）当墙厚等于石长时，适合采用丁顺叠砌。一皮顺石与一皮丁石相隔砌成,上下皮竖缝相互错开 1/2 石宽。

（2）当墙厚等于或大于两块料石宽度时,适合采用丁顺组砌。同皮内 1～3 块顺石与 1 块丁石相隔砌成,丁石中距不大于 2 m,上皮丁石座中于下皮顺石,上下皮竖缝互错开 1/2 石宽。

（3）当墙厚等于石宽时,适合采用全顺叠砌。每皮均为顺砌石,上下皮竖缝相互错开 1/2 石长。

(a) 丁顺叠砌　　　　(b) 丁顺组砌　　　　(c) 全顺叠砌

图 7.13　料石墙体砌筑形式

2. 料石砌筑前,应在基础顶面上放出墙身中线和边线及门窗洞口位置线,并抄平,立皮数杆,拉准线。

3. 料石砌筑前,必须按照组砌图将料石试排妥当后,才能开始砌筑。

4. 料石墙应双面拉线砌筑,全顺叠砌单面挂线砌筑。先砌转角处和交接处,后砌中间部分。

5. 料石墙的第一皮及每个楼层的最上一皮应丁砌。

6. 料石墙采用铺浆法砌筑,料石灰缝厚度:毛料石和粗料石墙砌体不宜大于 20 mm,细料石墙砌体不宜大于 5 mm。砂浆铺设厚度略高于规定灰缝厚度,其高出厚度:细料石为 3～5 mm,毛料石、粗料石宜为 6～8 mm。

7. 砌筑时,应先将料石里口落下,再慢慢移动就位,校正垂直与水平。在料石砌块校正到正确位置后,顺石面将挤出的砂浆清除,然后向竖缝中灌浆。

8. 料石砌体的转角处或交接处,应用石块相互搭砌。如交接处搭接确有困难时,则应在基础及每一楼层范围内按每 500 mm 左右设置不小于 2φ4 的钢筋网或拉结条。锚入墙中的长度不小于 500 mm。

9. 用整块料石作窗台板,其两端至少应伸入墙内 100 mm;在窗台板与其下部墙体之间(支座部分除外)应留空隙,并用沥青麻刀等材料嵌塞,以免两端下沉而折断石块。

10. 料石的转角处和交接处应同时砌筑,如不能同时砌筑则应留置斜槎。

11. 料石墙每天砌筑高度不应超过 1.2 m,料石墙中不得留设脚手架。

12. 同一砌体面或同一砌体,应用色泽一致、加工粗细相同的料石砌筑;在料石砌筑中,必须保持砌体表面的清洁;对砌好部分的砌体,应用遮盖物遮挡,以保持表面整洁。

13. 当设计允许采用垫片砌筑料石墙时,应按以下步骤进行:

(1) 先将料石放在砌筑位置上,根据料石的平整情况和灰缝厚度的要求,在四角先用 4 块垫片(主垫)将料石垫平。

(2) 移去垫平的料石,铺上砂浆,砂浆厚度应比垫片高出 3~5 mm。

(3) 重新将移去的料石砌上,用锤轻轻敲击料石,使其平稳、牢固,随后将灰缝里挤出的灰浆清理干净。

(4) 沿料石的长度和宽度,每隔 150 mm 左右补加一块垫片(副垫)。垫片应伸进料石边 10~15 mm,避免因露垫片而影响最后的墙面勾缝。

7.4.5 料石过梁施工工艺

7.4.5.1 普通料石过梁施工工艺

1. 用作过梁的料石,其厚度应为 200~450 mm,净跨度不宜大于 1.2 m,两端各伸入墙内长度不应小于 250 mm,过梁宽度与墙厚相同,也可用双拼料石,过梁底面应加工平整。

2. 过梁上续砌料石墙时,其正中一块料石应不小于过梁净跨度的 1/3,其两旁的料石长度应不小于过梁净跨度的 2/3,如图 7.14所示。

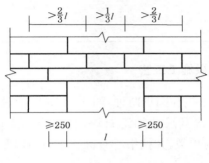

图 7.14　料石过梁

7.4.5.2　钢筋料石过梁施工工艺

1. 钢筋石过梁底面砂浆层中的钢筋配筋量不应低于表 7.3 的规定,间距不宜大于 100 mm。

2. 钢筋石过梁底面砂浆层的厚度不宜小于 40 mm,砂浆层的强度等级不应低于 M5,钢筋伸入支座长度不宜小于 300 mm。

3. 钢筋石过梁截面高度内的砌筑砂浆强度等级不宜低于 M5。

4. 砌筑钢筋石过梁时,应先在洞口顶部支设模板,模板中部应有跨度 1‰的起拱。底部砂浆层铺设一半厚时应放置钢筋,钢筋两端伸入墙内长度应相等,并使其呈 90°弯钩埋入墙体的竖缝中,竖缝应用砂浆填塞密实。再铺设一半厚砂浆层,使钢筋位于底部砂浆层的中间。钢筋石过梁的钢筋应埋入砂浆层中,过梁端部钢筋应伸入支座内的长度应符合:6~8 度时不应小于 240 mm。

5. 钢筋石过梁底部的模板,应在底部砂浆层的砂浆强度不低于设计强度的 50% 时方可拆除。

表 7.3　钢筋石过梁底面砂浆层中的钢筋配筋量

过梁上的墙体高度 h_w (m)	门窗洞口宽度 b (m)	
	$b \leqslant 1.5$	$1.5 < b \leqslant 1.8$
$h_w \geqslant b/2$	$4\phi6$	$4\phi6$
$0.3 \leqslant h_w < b/2$	$4\phi6$	$4\phi6$

7.4.6　料石砌拱施工工艺

1. 石拱有平拱和圆拱两种,如图 7.15 所示,均应按设计要求放足尺大样,并按其尺寸加工石块,料石应加工成楔形(上宽下窄),其块数应为单数,并按中心对称。拱厚与墙厚相等。

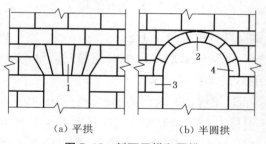

（a）平拱　　　　　　　　（b）半圆拱

图 7.15　料石平拱和圆拱

1—锁石　2—拱冠石　3— 拱座　4—砌筑方式

2. 平拱两端部的石块,在拱脚处坡度以 60° 为宜。拱石高度为两皮料石高。拱脚处斜面应修整加工,使与拱石相吻合。

3. 圆拱的石块应进行细加工,使其接触面吻合严密,形状及尺寸均应符合设计要求。

4. 施工砌筑前,应先支设模板,砌筑时应从两边拱脚开始,向拱顶汇合，以免引起拱顶移位。最后在中间合拢，中心石（锁石或拱冠石）应紧紧插砌，如图 7.15 所示。

5. 平拱拱角应从门窗口退进 20 mm 开始留槎。砌筑前应在托模上弹出拱块的砌筑线，再行砌筑。拱角处斜面应修整，使其与拱的石块相吻合。正中一块锁石应锁紧。

6. 圆拱拱座应从墙身开始留槎。砌筑时首先在拱座上铺满砂浆，将第一皮石料放稳，然后逐层砌筑，灰缝砂浆必须饱满。

7. 使用砂浆强度等级不低于 M10，灰缝厚度为 5 mm。砂浆强度达到设计强度 70% 以上时，方可拆除拱架模板。

7.4.7　料石墙面勾缝施工工艺

1. 石墙勾缝形式有：平缝、凹缝、凸缝，凹缝又分为平凹缝、半圆凹缝，凸缝又分为平凸缝、半圆凸缝、三角凸缝。一般料石墙面多采用平缝或平凹缝。

2. 料石墙面勾缝前要先剔缝，将灰缝凹入 20~30 mm。墙面用水喷洒湿润，不整齐处应修整。

3. 料石墙面勾缝应采用加浆勾缝，并宜采用细砂拌制 1∶1.5 水泥砂浆，也可采用水泥石灰砂浆或掺入麻刀（纸筋）的青灰浆。有防渗要求的同样可用防水胶泥材料进行勾缝。

4. 勾平缝时，用小抿子在托灰板上刮灰，塞进石缝中严密压实，表面压光。勾缝应顺石缝进行，缝与石面齐平，勾完一段后，用小抿子将缝边毛槎修理整齐。

5. 勾平凸缝（半圆凸缝或三角凸缝）时，先用 1∶2 水泥砂浆抹平，待砂浆凝固后，再抹一层砂浆，用小抿子压实、压光，稍停等砂浆收水后，用专用工具捋成 10~25 mm 宽窄一致的凸缝。

6. 石墙面勾缝按下列程序进行：

（1）拆除墙面或柱面上临时装设的挂钩等物；

（2）清除墙面或柱面上黏结的砂浆、泥浆、杂物和污渍等；

（3）剔缝，即将灰缝刮深 20～30 mm，不整齐处加以修整；

（4）用水喷洒墙面或柱面使其湿润，随后进行勾缝。

7. 料石墙面勾缝应从上向下、从一端向另一端依次进行。

8. 料石墙面勾缝缝路顺石缝进行，且均匀一致，深浅、厚度相同，搭接平整通顺。阳角勾缝两角方正，阴角勾缝不能上下直通。严禁有丢缝、开裂或黏结不牢等现象。

9. 勾缝完毕，清扫墙面或柱面，表面洒水养护，防止干裂和脱落。

7.4.8 季节性施工措施

同 7.3.6 节执行。

7.5 石结构质量验收要求

7.5.1 质量验收文件

1. 施工执行的技术标准。

2. 原材料的合格证书、产品性能检验报告及复检报告。

3. 混凝土及砂浆配合比通知单。

4. 混凝土及砂浆试块抗压强度试验报告单及评定结果。

5. 施工记录。

6. 各检验批的主控项目、一般项目验收记录。

7. 施工质量控制资料。

8. 重大技术问题的处理或修改设计的技术文件。

9. 其他必须提供的资料。

7.5.2　一般规定

1. 石砌体采用的石材应质地坚实，无风化剥落和裂纹。用于清水墙、柱表面的石材，尚应色泽均匀。

2. 石材表面的泥垢、水绣等杂等，砌筑前应清除干净。

3. 石砌体的灰缝厚度：毛料石和粗料石砌体不宜大于 20 mm；细料石砌体不宜大于 5 mm。

4. 砂浆初凝后，如移动已砌筑的石块，应将原砂浆清理干净，重新铺浆砌筑。

5. 砌筑毛石基础的第一皮石块应坐浆，并将大面向下；砌筑料石基础的第一皮石块应用丁砌层坐浆砌筑。

6. 毛石砌体的第一皮及转角处、交接处和洞口处，应用较大的平毛石砌筑。每个楼层（包括基础）砌体的最上一皮，宜选用较大的毛石砌筑。

7.5.3　主控项目

1. 石材及砂浆强度等级必须符合设计要求。

抽检数量：同一产地的石材至少应抽检一组。砂浆试块的抽检数量执行《砌体工程施工质量验收规范》（GB 50203—2011）第 4.0.12 条的相关规定。

检验方法：石材外观质量合格，砂浆检查试块试验报告。

2. 砂浆饱满度不应小于 80%。

抽检数量：每步架（即 1.2 m 高度）抽查不应少于 1 处。

检验方法：观察检查。

3. 石砌体的轴线位置及垂直度允许偏差应符合表 7.4 的规定

表 7.4　石砌体的轴线位置及垂直度允许偏差

项次	项　目		允许偏差（mm）							检验方法
			毛石砌体		料石砌体					
					毛料石		粗料石		细料石	
			基础	墙	基础	墙	基础	墙	墙、柱	
1	轴线位置		20	15	10	15	15	10	10	用经纬仪和尺检查，或用其他测量仪器检查
2	墙面垂直度	每层		20		20		10	7	用经纬仪、吊线和尺检查或用其他测量仪器检查
		全高		30		30		25	20	

抽检数量：外墙，按楼层（或 4 m 高以内）每 20 m 抽查 1 处，每处 3 延长米，但不应少于 3 处；内墙，按有代表性的自然间抽查 10%，但不应少于 3 间，每间不应少于 2 处，柱子不应少于 5 根。

7.5.4　一般项目

1. 石砌体的一般尺寸允许偏差应符合表 7.5 的规定。

抽检数量：外墙，按楼层（4 m 高以内）每 20 m 抽查 1 处，每处 3 延长米，但不应少于 3 处；内墙，按有代表性的自然间抽查 10%，但不应少于 3 间，每间不应少于 2 处，柱子不应少于 5 根。

表 7.5　石砌体的一般尺寸允许偏差

项次	项目		允许偏差(mm)							检验方法
			毛石砌体		料石砌体					
					毛料石		粗料石		细料石	
			基础	墙	基础	墙	基础	墙	墙、柱	
1	基础和墙砌体顶面标高		±25	±15	±25	±15	±15	±15	±10	用水准仪和尺检查
2	砌体厚度		±30	+20 −10	+30	+20 −10	+15	+10 −5	+10 −5	用尺检查
3	表面平整度	清水墙	—	20		20		10	5	细料石用2m靠尺和楔形塞尺检查,其他用两直尺垂直灰缝拉2m线和尺检查
		混水墙	—	20		20		15		
4	清水墙水平灰缝平直度							10	5	拉10m线和尺检查

2. 石砌体的组砌形式应符合下列规定:

（1）内外搭砌,上下错缝,拉结石、丁砌石交错设置。

（2）毛石墙拉结石每 0.7 m² 墙面不应少于 1 块。

抽检数量:外墙,按楼层(或 4 m 高以内)每 20 m 抽查 1 处,每处 3 延长米,但不应少于 3 处;内墙,按有代表性的自然间抽查 10%,但不应少于 3 间。

检验方法:观察检查。

7.5.5　观感检查项目

1. 组砌方法应正确,灰缝均匀,不得有通缝、瞎缝。

2. 灰缝砂浆应饱满,横平竖直,不得有空缝、亮缝。

3. 立面、台阶表面平整度,边角顺直度。

4. 混水墙面应平整洁净,阴阳线角流畅。

5. 清水墙、柱面应清晰美观,色泽均匀。

6. 墙面勾缝应密实光洁,宽窄、深浅、厚度一致,搭接平整通顺。

7.5.6 质量验收记录

石砌体工程质量验收记录见表7.6。

表 7.6　石砌体工程检验批质量验收记录表

单位(子单位)工程名称								
分部(子分部)工程名称					验收部位			
施工单位					项目经理			
施工执行标注名称及编号								
施工质量验收规范的规定			施工单位检查评定记录					监理(建设)单位验收记录
主控项目	1	石材强度等级	设计要求 MU					
	2	砂浆强度等级	设计要求 M					
	3	砂浆饱满度	≥80%					
	4	轴线位移	第7.2.3条					
	5	垂直度每层	第7.2.3条					
一般项目	1	顶面标高	第7.3.1条					
	2	砌体厚度	第7.3.1条					
	3	表面平整度	第7.3.1条					
	4	灰缝平直度	第7.3.1条					
	5	组砌形式	第7.3.2条					
施工单位检查评定结果	专业工长(施工员)			施工班班长				
	项目专业质量检查员:　　　　　　　　　　年　月　日							

续　表

监理（建设） 单位验收结论	专业监理工程师： （建设单位项目专业技术负责人）：　　　　　　　年　月　日

附 录 1

当采用下表时,应符合下列要求:

1. 表中的抗震横墙间距,对横墙间距不同的木(屋)楼房屋为最大横墙间距值;对预应力圆孔板(屋)盖房屋为横墙间距的平均值。表中分别给出房屋宽度的下限值和上限值,对确定的抗震墙间距,房屋宽度应在下限值和下限值之间选取确定;抗震横墙间距取其他值时,可内插值求得对应的房屋宽度限值。

2. 表中为"—"者,表示采用该强度等级砂浆砌筑墙体的房屋,其墙体抗震承载力不能满足对应的设防烈度地震作用的要求,应提高砌筑砂浆强度等级。

3. 当两层房屋一、二层墙体采用相同强度等级的砂浆砌筑时,实际房屋宽度应按第一层限值采用。

4. 当两层房屋一、二层墙体采用不同强度等级的砂浆砌筑或一、二层采用不同形式的楼(屋)盖时,实际房屋宽度应同时满足表中一、二层限值要求。

5. 表中墙体类别指:①240 mm 厚细、半细料石砌体;②240 mm 厚粗料、毛料石砌体;③400 mm 厚平毛石墙。

6. 多开间石结构木楼(屋)盖房屋,与抗震横墙间距(L)对应的房屋宽度(B)的限值宜按表 1.1 采用。

表 1.1 抗震横墙间距和房屋宽度限值(多开间石结构木楼盖)(m)

烈度	层数	层号	层高	房屋抗震类别	抗震横墙间距(L)	M1 下限	M1 上限	M2.5 下限	M2.5 上限	M5 下限	M5 上限	M7.5 下限	M7.5 上限	M10 下限	M10 上限
6	一	1	4.0	①②	3~11	4	11	4	11	4	11	4	11	4	11
			3.6	③	3~11	4	11	4	11	4	11	4	11	4	11
7	一	1	4.0	①②	3~11	4	11	4	11	4	11	4	11	4	11
			3.6	③	3~11	4	11	4	11	4	11	4	11	4	11
7 (0.15g)	一	1	4.0	①②	3	4	10.5	4	11	4	11	4	11	4	11
					3.3~9.6	4	11	4	11	4	11	4	11	4	11
					10.2	4.3	11	4	11	4	11	4	11	4	11
					11	4.7	11	4	11	4	11	4	11	4	11
			3.6	③	3~10.2	4	11	4	11	4	11	4	11	4	11
					11	4.4	11	4	11	4	11	4	11	4	11
8	一	1	3.6	①②	3~7	4	7	4	7	4	7	4	7	4	7
8 (0.30g)	一	1	3.6	①②	3	4	4.9	4	7	4	7	4	7	4	7
					3.6	4	5.4	4	7	4	7	4	7	4	7
					4.2	4.9	5.9	4	7	4	7	4	7	4	7
					4.8	6	6.3	4	7	4	7	4	7	4	7
					5.4	6.4	6.4	4	7	4	7	4	7	4	7
					6~6.6	—	—	4	7	4	7	4	7	4	7
					7	—	—	4.3	7	4	7	4	7	4	7
6	二	2	3.5	①②	3~11	4	11	4	11	4	11	4	11	4	11
		1	3.5		3~7	4	11	4	11	4	11	4	11	4	11

烈度	层数	层号	层高	房屋抗震类别	抗震横墙间距(L)	与砂浆强度等级对应的房屋宽度限值(B)									
						M1		M2.5		M5		M7.5		M10	
						下限	上限	下限	上限	下限	上限	下限	上限	下限	上限
7	二	2	3.5	①	3～11	4	11	4	11	4	11	4	11	4	11
		1	3.5		3	4	9.1	4	11	4	11	4	11	4	11
					3.6	4	10.4	4	11	4	11	4	11	4	11
					4.2～7	4	11	4	11	4	11	4	11	4	11
	二	2	3.3	②	3～11	4	11	4	11	4	11	4	11	4	11
		1	3.3		3	4	9.5	4	11	4	11	4	11	4	11
					3.6	4	10.8	4	11	4	11	4	11	4	11
					4.2～7	4	11	4	11	4	11	4	11	4	11
7 (0.15g)	二	2	3.5	①	3	4	7.8	4	11	4	11	4	11	4	11
					3.6	4	8.7	4	11	4	11	4	11	4	11
					4.2	4	9.5	4	11	4	11	4	11	4	11
					4.8	4	10.3	4	11	4	11	4	11	4	11
					5.4	4	10.9	4	11	4	11	4	11	4	11
					6～6.6	4	11	4	11	4	11	4	11	4	11
					7.2	4.4	11	4	11	4	11	4	11	4	11
					7.8	4.9	11	4	11	4	11	4	11	4	11
					8.4	5.3	11	4	11	4	11	4	11	4	11
					9	5.8	11	4	11	4	11	4	11	4	11
					9.6	6.4	11	4	11	4	11	4	11	4	11
					10.2	6.9	11	4	11	4	11	4	11	4	11
					11	7.7	11	4	11	4	11	4	11	4	11
		1	3.5		3	4	4.8	4	7.8	4	11	4	11	4	11
					3.6	4.4	5.5	4	8.9	4	11	4	11	4	11
					4.2	5.2	6.1	4	9.9	4	11	4	11	4	11
					4.8	6.1	6.7	4	10.8	4	11	4	11	4	11
					5.4	7	7.2	4	11	4	11	4	11	4	11
					6	—	—	4	11	4	11	4	11	4	11
					6.6	—	—	4.4	11	4	11	4	11	4	11
					7	—	—	4.7	11	4	11	4	11	4	11

续 表

烈度	层数	层号	层高	房屋抗震类别	抗震横墙间距(L)	与砂浆强度等级对应的房屋宽度限值(B)									
						M1		M2.5		M5		M7.5		M10	
						下限	上限	下限	上限	下限	上限	下限	上限	下限	上限
7 (0.15g)	二	2	3.3	②	3	4	8.1	4	11	4	11	4	11	4	11
					3.6	4	9.1	4	11	4	11	4	11	4	11
					4.2	4	9.9	4	11	4	11	4	11	4	11
					4.8	4	10.6	4	11	4	11	4	11	4	11
					5.4~6.6	4	11	4	11	4	11	4	11	4	11
					7.2	4.1	11	4	11	4	11	4	11	4	11
					7.8	4.5	11	4	11	4	11	4	11	4	11
					8.4	4.9	11	4	11	4	11	4	11	4	11
					9	5.4	11	4	11	4	11	4	11	4	11
					9.6	5.8	11	4	11	4	11	4	11	4	11
					10.2	6.3	11	4	11	4	11	4	11	4	11
					11	7	11	4	11	4	11	4	11	4	11
	二	1	3.3	②	3	4	5	4	8.2	4	11	4	11	4	11
					3.6	4	5.7	4	9.3	4	11	4	11	4	11
					4.2	4.8	6.4	4	10.3	4	11	4	11	4	11
					4.8	5.5	7	4	11	4	11	4	11	4	11
					5.4	6.3	7.5	4	11	4	11	4	11	4	11
					6	7.2	8	4	11	4	11	4	11	4	11
					6.6	8	8.4	4.1	11	4	11	4	11	4	11
					7	8.6	8.7	4.3	11	4	11	4	11	4	11
8	二	2	3.3	①	3	4	6	4	7	4	7	4	7	4	7
					3.6	4	6.7	4	7	4	7	4	7	4	7
					4.2~4.8	4	7	4	7	4	7	4	7	4	7
					5.4	4.6	7	4	7	4	7	4	7	4	7
					6	5.3	7	4	7	4	7	4	7	4	7
					6.6	6.1	7	4	7	4	7	4	7	4	7

烈度	层数	层号	层高	房屋抗震类别	抗震横墙间距(L)	与砂浆强度等级对应的房屋宽度限值(B)									
						M1		M2.5		M5		M7.5		M10	
						下限	上限	下限	上限	下限	上限	下限	上限	下限	上限
8	二	2	3.3	①	7	6.6	7	4	7	4	7	4	7	4	7
		1	3.3		3	—	—	4	6	4	7	4	7	4	7
					3.6	—	—	4	6.8	4	7	4	7	4	7
					4.2	—	—	4	7	4	7	4	7	4	7
					4.8	—	—	4.5	7	4	7	4	7	4	7
					5	—	—	4.7	7	4	7	4	7	4	7
8 (0.30g)	二	2	3.3	①	3	—	—	4	5.9	4	7	4	7	4	11
					3.6	—	—	4	6.6	4	7	4	7	4	11
					4.2	—	—	4	7	4	7	4	7	4	11
					4.8	—	—	4.6	7	4	7	4	7	4	11
					5.4	—	—	5.4	7	4	7	4	7	4	11
					6	—	—	6.3	7	4	7	4	7	4	11
					6.6~7	—	—	—	—	4	7	4	7	4	11
		1	3.3		3	—	—	—	—	4	5	4	6.2	4	7
					3.6	—	—	—	—	4.3	5.7	4	7	4	7
					4.2	—	—	—	—	5.1	6.4	4	7	4	7
					4.8	—	—	—	—	6.1	7	4.4	7	4	7
					5	—	—	—	—	6.4	7	4.7	7	4	7

　　7. 单开间石结构木楼(屋)盖房屋,与抗震横墙间距(L)对应的房屋宽度(B)的限值宜按表 1.2 采用。

表 1.2　抗震横墙间距和房屋宽度限值(单开间石结构木楼屋盖)(m)

烈度	层数	层号	层高	房屋抗震类别	抗震横墙间距（L）	M1 下限	M1 上限	M2.5 下限	M2.5 上限	M5 下限	M5 上限	M7.5 下限	M7.5 上限	M10 下限	M10 上限
6	一	1	4.0	①②	3～11	4	11	4	11	4	11	4	11	4	11
			3.6	③	3～11	4	11	4	11	4	11	4	11	4	11
7	一	1	4.0	①②	3～11	4	11	4	11	4	11	4	11	4	11
			3.6	③	3～11	4	11	4	11	4	11	4	11	4	11
7 (0.15g)	一	1	4.0	①②	3	4	8.8	4	11	4	11	4	11	4	11
					3.6	4	10	4	11	4	11	4	11	4	11
					4.2～11	4	11	4	11	4	11	4	11	4	11
			3.6	③	3～11	4	11	4	11	4	11	4	11	4	11
8	一	1	3.6	①②	3～7	4	7	4	7	4	7	4	7	4	7
8 (0.30g)	一	1	3.6	①②	3	4	4.1	4	7	4	7	4	7	4	7
					3.6	4	4.6	4	7	4	7	4	7	4	7
					4.2	4	5.1	4	7	4	7	4	7	4	7
					4.8	4	5.5	4	7	4	7	4	7	4	7
					5.4	4	5.6	4	7	4	7	4	7	4	7
					6	4	6.2	4	7	4	7	4	7	4	7
					6.6	4	6.5	4	7	4	7	4	7	4	7
					7	4	6.7	4.3	7	4	7	4	7	4	7
6	二	2	3.5	①②	3～11	4	11	4	11	4	11	4	11	4	11
		1	3.5		3～7	4	11	4	11	4	11	4	11	4	11
7	二	2	3.5		3～11	4	11	4	11	4	11	4	11	4	11
		1	3.5	①	3	4	7.5	4	11	4	11	4	11	4	11
					3.6	4	8.6	4	11	4	11	4	11	4	11
					4.2	4	9.6	4	11	4	11	4	11	4	11
					4.8	4	10.6	4	11	4	11	4	11	4	11
					5.4～7	4	11	4	11	4	11	4	11	4	11

续　表

烈度	层数	层号	层高	房屋抗震类别	抗震横墙间距（L）	M1		M2.5		M5		M7.5		M10	
						下限	上限	下限	上限	下限	上限	下限	上限	下限	上限
7	二	2	3.3	②	3~11	4	11	4	11	4	11	4	11	4	11
		1	3.3		3	4	7.8	4	11	4	11	4	11	4	11
					3.6	4	8.9	4	11	4	11	4	11	4	11
					4.2	4	10	4	11	4	11	4	11	4	11
					4.8~7	4	11	4	11	4	11	4	11	4	11
7 (0.15g)	二	2	3.5	①	3	4	6.5	4	10.6	4	11	4	11	4	11
					3.6	4	7.4	4	11	4	11	4	11	4	11
					4.2	4	8.2	4	11	4	11	4	11	4	11
					4.8	4	8.9	4	11	4	11	4	11	4	11
					5.4	4	9.5	4	11	4	11	4	11	4	11
					6	4	10	4	11	4	11	4	11	4	11
					6.6	4	10.6	4	11	4	11	4	11	4	11
					7.2~11	4	11	4	11	4	11	4	11	4	11
		1	3.5		3	—	—	4	6.4	4	9.4	4	11	4	11
					3.6	4	4.5	4	7.4	4	10.8	4	11	4	11
					4.2	4	5.1	4	8.3	4	11	4	11	4	11
					4.8	4	5.6	4	9.1	4	11	4	11	4	11
					5.4	4	6.1	4	9.9	4	11	4	11	4	11
					6	4	6.5	4	10.6	4	11	4	11	4	11
					6.6	4	6.9	4	11	4	11	4	11	4	11
					7	4	7.2	4	11	4	11	4	11	4	11

续　表

烈度	层数	层号	层高	房屋抗震类别	抗震横墙间距(L)	与砂浆强度等级对应的房屋宽度限值(B)									
						M1		M2.5		M5		M7.5		M10	
						下限	上限	下限	上限	下限	上限	下限	上限	下限	上限
7 (0.15g)	二	2	3.3	②	3	4	6.9	4	11	4	11	4	11	4	11
					3.6	4	7.7	4	11	4	11	4	11	4	11
					4.2	4	8.5	4	11	4	11	4	11	4	11
					4.8	4	9.2	4	11	4	11	4	11	4	11
					5.4	4	9.9	4	11	4	11	4	11	4	11
					6	4	10.4	4	11	4	11	4	11	4	11
					6.6~11	4	11	4	11	4	11	4	11	4	11
		1	3.3		3	4	4.1	4	6.7	4	9.8	4	11	4	11
					3.6	4	4.8	4	7.7	4	11	4	11	4	11
					4.2	4	5.3	4	8.6	4	11	4	11	4	11
					4.8	4	5.9	4	9.5	4	11	4	11	4	11
					5.4	4	6.3	4	10.3	4	11	4	11	4	11
					6	4	6.8	4	11	4	11	4	11	4	11
					6.6	4	7.2	4	11	4	11	4	11	4	11
					7	4	7.5	4	11	4	11	4	11	4	11
8	二	2	3.3	①	3	4	5.1	4	7	4	7	4	7	4	7
					3.6	4	5.7	4	7	4	7	4	7	4	7
					4.2	4	6.3	4	7	4	7	4	7	4	7
					4.8	4	6.8	4	7	4	7	4	7	4	7
					5.4~7	4	7	4	7	4	7	4	7	4	7
		1	3.3		3	—	—	4	4.9	4	7	4	7	4	7
					3.6	—	—	4	5.7	4	7	4	7	4	7
					4.2	—	—	4	6.3	4	7	4	7	4	7
					4.8	4	4	4	7	4	7	4	7	4	7
					5	4	4.2	4	7	4	7	4	7	4	7

烈度	层数	层号	层高	房屋抗震类别	抗震横墙间距(L)	与砂浆强度等级对应的房屋宽度限值(B)									
						M1		M2.5		M5		M7.5		M10	
						下限	上限	下限	上限	下限	上限	下限	上限	下限	上限
8 (0.30g)	二	2	3.3	①	3	—	—	4	4.9	4	7	4	7	4	7
					3.6	—	—	4	5.6	4	7	4	7	4	7
					4.2	—	—	4	6.2	4	7	4	7	4	7
					4.8	—	—	4	6.7	4	7	4	7	4	7
					5.4~7	—	—	4	7	4	7	4	7	4	7
		1	3.3		3	—	—	—	—	4	4.1	4	5.1	4	5.8
					3.6	—	—	—	—	4	4.8	4	5.9	4	6.6
					4.2	—	—	—	—	4	5.3	4	6.6	4	7
					4.8	—	—	—	—	4	5.9	4	7	4	7
					5	—	—	—	—	4	6	4	7	4	7

8. 多开间石结构预应力圆孔板楼(屋)盖房屋,与抗震横墙间距(L)对应的房屋宽度(B)的限值宜按表 1.3 采用。

表 1.3　抗震横墙间距和房屋宽度限值(多开间石结构圆孔板楼屋盖)

烈度	层数	层号	层高	房屋抗震类别	抗震横墙间距(L)	与砂浆强度等级对应的房屋宽度限值(B)									
						M1		M2.5		M5		M7.5		M10	
						下限	上限	下限	上限	下限	上限	下限	上限	下限	上限
6	—	1	4.0	①②③	3~13	4	13	4	13	4	13	4	13	4	13
7	—	1	4.0	①②③	3~13	4	13	4	13	4	13	4	13	4	13
7 (0.15g)	—	1	4.0	①②	3~13	4	13	4	13	4	13	4	13	4	13
			3.6	③	3~13	4	13	4	13	4	13	4	13	4	13
8	—	1	3.6	①②	3~9	4	9	4	9	4	9	4	9	4	9

烈度	层数	层号	层高	房屋抗震类别	抗震横墙间距(L)	与砂浆强度等级对应的房屋宽度限值(B)									
						M1		M2.5		M5		M7.5		M10	
						下限	上限	下限	上限	下限	上限	下限	上限	下限	上限
8 (0.30g)	一	1	3.6	①②	3	4	6.3	4	9	4	9	4	9	4	9
					3.6	4	7	4	9	4	9	4	9	4	9
					4.2	4	7.6	4	9	4	9	4	9	4	9
					4.8	4	8.2	4	9	4	9	4	9	4	9
					5.4	4	8.7	4	9	4	9	4	9	4	9
					6	4.3	9	4	9	4	9	4	9	4	9
					6.6	4.8	9	4	9	4	9	4	9	4	9
					7.2	5.4	9	4	9	4	9	4	9	4	9
					7.8	6.1	9	4	9	4	9	4	9	4	9
					8.4	6.8	9	4	9	4	9	4	9	4	9
					9	7.6	9	4	9	4	9	4	9	4	9
6	二	2	3.5	①②	3～13	4	13	4	13	4	13	4	13	4	13
		1	3.5		3～9	4	13	4	13	4	13	4	13	4	13
7	二	2	3.5	①	3～13	4	13	4.7	13	4	13	4	13	4	13
		1	3.5		3	4	11.5	4	13	4	13	4	13	4	13
					3.6～13	4	13	4	13	4	13	4	13	4	13
	二	2	3.3	②	3～13	4	13	4	13	4	13	4	13	4	13
		1	3.3		3	4	11.1	4	13	4	13	4	13	4	13
					3.6	4	12.5	4	13	4	13	4	13	4	13
					4.2～13	4	13	4	13	4	13	4	13	4	13
7 (0.15g)	二	2	3.5	①	3	4	9.6	4	13	4	13	4	13	4	13
					3.6	4	10.8	4	13	4	13	4	13	4	13
					4.2	4	11.8	4	13	4	13	4	13	4	13
					4.8	4	12.6	4	13	4	13	4	13	4	13
					5.4～9.6	4	13	4	13	4	13	4	13	4	13
					10.2	4.1	13	4	13	4	13	4	13	4	13
					10.8	4.4	13	4	13	4	13	4	13	4	13
					11.4	4.7	13	4	13	4	13	4	13	4	13
					12	5	13	4	13	4	13	4	13	4	13
					12.6	5.3	13	4	13	4	13	4	13	4	13
					13	5.5	13	4	13	4	13	4	13	4	13

烈度	层数	层号	层高	房屋抗震类别	抗震横墙间距(L)	M1 下限	M1 上限	M2.5 下限	M2.5 上限	M5 下限	M5 上限	M7.5 下限	M7.5 上限	M10 下限	M10 上限
7 (0.15g)	二	1	3.5	①	3	4	6.3	4	6.4	4	13	4	13	4	13
					3.6	4	7.2	4	7.4	4	13	4	13	4	13
					4.2	4	8	4	8.3	4	13	4	13	4	13
					4.8	4	8.8	4	9.1	4	13	4	13	4	13
					5.4	4	9.5	4	9.9	4	13	4	13	4	13
					6	4.4	10.1	4	10.6	4	13	4	13	4	13
					6.6	4.8	10.7	4	13	4	13	4	13	4	13
					7.2	5.3	11.2	4	13	4	13	4	13	4	13
					7.8	5.7	11.7	4	13	4	13	4	13	4	13
					8.4	6.2	12.1	4	13	4	13	4	13	4	13
					9	6.7	12.6	4	13	4	13	4	13	4	13
		2	3.3	②	3	4	10	4	13	4	13	4	13	4	13
					3.6	4	11.2	4	13	4	13	4	13	4	13
					4.2	4	12.2	4	13	4	13	4	13	4	13
					4.8~10.2	4	13	4	13	4	13	4	13	4	13
					10.8	4.1	13	4	13	4	13	4	13	4	13
					11.4	4.3	13	4	13	4	13	4	13	4	13
					12	4.6	13	4.4	13	4	13	4	13	4	13
					12.6	4.9	13	4.7	13	4	13	4	13	4	13
					13	5.1	13	4	13	4	13	4	13	4	13
		1	3.3		3	4	6.1	4	9.7	4	13	4	13	4	13
					3.6	4	6.9	4	10.9	4	13	4	13	4	13
					4.2	4	7.6	4	13	4	13	4	13	4	13
					4.8	4	8.3	4	13	4	13	4	13	4	13
					5.4	4	8.8	4	13	4	13	4	13	4	13
					6	4.1	9.3	4	13	4	13	4	13	4	13
					6.6	4.5	9.8	4	13	4	13	4	13	4	13
					7.2	5	10.2	4	13	4	13	4	13	4	13
					7.8	5.4	10.6	4	13	4	13	4	13	4	13
					8.4	5.9	11	4	13	4	13	4	13	4	13
					9	6.4	11.3	4	13	4	13	4	13	4	13

续 表

烈度	层数	层号	层高	房屋抗震类别	抗震横墙间距（L）	M1		M2.5		M5		M7.5		M10	
						下限	上限	下限	上限	下限	上限	下限	上限	下限	上限
8	二	2	3.3	①	3	4	7.6	4	9	4	9	4	9	4	9
					3.6	4	8.4	4	9	4	9	4	9	4	9
					4.2～7.2	4	9	4	9	4	9	4	9	4	9
					7.8	4.3	9	4	9	4	9	4	9	4	9
					8.4	4.7	9	4	9	4	9	4	9	4	9
					9	5.2	9	4	9	4	9	4	9	4	9
		1	3.3		3	4	4.4	4	7.2	4	9	4	9	4	9
					3.6	4	5	4	8.1	4	9	4	9	4	9
					4.2	4.5	5.5	4	8.9	4	9	4	9	4	9
					4.8	5.3	5.9	4	9	4	9	4	9	4	9
					5.4	6.1	6.3	4	9	4	9	4	9	4	9
					6	—	—	4	9	4	9	4	9	4	9
					6.6	—	—	4	9	4	9	4	9	4	9
					7	—	—	4.1	9	4	9	4	9	4	9
8 (0.30g)	二	2	3.3	①	3	4	4.2	4	7.4	4	9	4	9	4	9
					3.6	4.1	4.7	4	8.2	4	9	4	9	4	9
					4.2	5.1	5.1	4	8.9	4	9	4	9	4	9
					4.8	—	—	4	9	4	9	4	9	4	9
					5.4	—	—	4	9	4	9	4	9	4	9
					6	—	—	4	9	4	9	4	9	4	9
					6.6	—	—	4.1	9	4	9	4	9	4	9
					7.2	—	—	4.6	9	4	9	4	9	4	9
					7.8	—	—	5.1	9	4	9	4	9	4	9
					8.4	—	—	5.7	9	4	9	4	9	4	9
					9	—	—	6.3	9	4	9	4	9	4	9

烈度	层数	层号	层高	房屋抗震类别	抗震横墙间距(L)	M1 下限	M1 上限	M2.5 下限	M2.5 上限	M5 下限	M5 上限	M7.5 下限	M7.5 上限	M10 下限	M10 上限
8 (0.30g)	二	1	3.3	①	3	—	—	—	—	4	6.1	4	7.5	4	8.4
					3.6	—	—	—	—	4	6.9	4	8.4	4	9
					4.2	—	—	—	—	4	7.6	4	9	4	9
					4.8	—	—	—	—	4	8.3	4	9	4	9
					5.4	—	—	—	—	4.1	8.8	4	9	4	9
					6	—	—	—	—	4.7	9	4	9	4	9
					6.6	—	—	—	—	5.3	9	4	9	4	9
					7	—	—	—	—	5.7	9	4	9	4	9

9. 单开间石结构预应力圆孔板楼(屋)盖房屋,与抗震横墙间距(L)对应的房屋宽度(B)的限值宜按表1.4采用。

表 1.4　抗震横墙间距和房屋宽度限值(单开间石结构圆孔板楼屋盖)(m)

烈度	层数	层号	层高	房屋抗震类别	抗震横墙间距(L)	M1 下限	M1 上限	M2.5 下限	M2.5 上限	M5 下限	M5 上限	M7.5 下限	M7.5 上限	M10 下限	M10 上限
6	一	1	4.0	①②③	3~13	4	13	4	13	4	13	4	13	4	13
7	一	1	4.0	①②	3~13	4	13	4	13	4	13	4	13	4	13
		1	3.6	③	3~13	4	13	4	13	4	13	4	13	4	13
7 (0.15g)	一	1	4.0	①②	3	4	11	4	13	4	13	4	13	4	13
					3.6	4	12.5	4	13	4	13	4	13	4	13
			3.6	③	4.2~13	4	13	4	13	4	13	4	13	4	13
8	一	1	3.6	①②	3~9	4	9	4	9	4	9	4	9	4	9

续 表

烈度	层数	层号	层高	房屋抗震类别	抗震横墙间距（L）	M1 下限	M1 上限	M2.5 下限	M2.5 上限	M5 下限	M5 上限	M7.5 下限	M7.5 上限	M10 下限	M10 上限
8 (0.30g)	一	1	3.6	①②	3	4	5.3	4	8.8	4	9	4	9	4	9
					3.6	4	6	4	9	4	9	4	9	4	9
					4.2	4	6.6	4	9	4	9	4	9	4	9
					4.8	4	7.1	4	9	4	9	4	9	4	9
					5.4	4	7.6	4	9	4	9	4	9	4	9
					6	4	8	4	9	4	9	4	9	4	9
					6.6	4	8.4	4	9	4	9	4	9	4	9
					7.2	4	8.8	4	9	4	9	4	9	4	9
					7.8～9	4.1	9	4	9	4	9	4	9	4	9
6	二	2	3.5	①②	3～13	4	13	4	13	4	13	4	13	4	13
		1	3.5		3～9	4	13	4	13	4	13	4	13	4	13
7	二	2	3.5	①	3～13	4	13	4	13	4	13	4	13	4	13
		1	3.5		3	4	8.9	4	13	4	13	4	13	4	13
					3.6	4	10.2	4	13	4	13	4	13	4	13
					4.2	4	11.3	4	13	4	13	4	13	4	13
					4.8	4	12.4	4	13	4	13	4	13	4	13
					5.4～13	4	13	4	13	4	13	4	13	4	13
7	二	2	3.3	②	3～13	4	13	4	13	4	13	4	13	4	13
		1	3.3		3	4	9.2	4	13	4	13	4	13	4	13
					3.6	4	10.5	4	13	4	13	4	13	4	13
					4.2	4	11.7	4	13	4	13	4	13	4	13
					4.8	4	12.7	4	13	4	13	4	13	4	13
					5.4～13	4.4	13	4	13	4	13	4	13	4	13

烈度	层数	层号	层高	房屋抗震类别	抗震横墙间距（L）	与砂浆强度等级对应的房屋宽度限值（B）									
						M1		M2.5		M5		M7.5		M10	
						下限	上限	下限	上限	下限	上限	下限	上限	下限	上限
7 (0.15g)	二	2	3.5	①	3	4	8.1	4	13	4	13	4	13	4	13
					3.6	4	9.2	4	13	4	13	4	13	4	13
					4.2	4	10.1	4	13	4	13	4	13	4	13
					4.8	4	10.9	4	13	4	13	4	13	4	13
					5.4	4	11.7	4	13	4	13	4	13	4	13
					6	4	12.4	4	13	4	13	4	13	4	13
					6.6～13	4	13	4	13	4	13	4	13	4	13
		1	3.5		3	4	4.9	4	7.7	4	11.1	4	13	4	13
					3.6	4	5.6	4	8.8	4	12.7	4	13	4	13
					4.2	4	6.2	4	9.8	4	13	4	13	4	13
					4.8	4	6.8	4	10.7	4	13	4	13	4	13
					5.4	4	7.3	4	11.5	4	13	4	13	4	13
					6	4	7.8	4	12.3	4	13	4	13	4	13
					6.6	4	8.3	4	13	4	13	4	13	4	13
					7.2	4	8.7	4	13	4	13	4	13	4	13
					7.8	4	9.1	4	13	4	13	4	13	4	13
					8.4	4	9.4	4	13	4	13	4	13	4	13
					9	4	9.8	4	13	4	13	4	13	4	13
	二	2	3.3	②	3	4	8.5	4	13	4	13	4	13	4	13
					3.6	4	9.6	4	13	4	13	4	13	4	13
					4.2	4	10.5	4	13	4	13	4	13	4	13
					4.8	4	11.4	4	13	4	13	4	13	4	13
					5.4	4	12.1	4	13	4	13	4	13	4	13
					6	4	12.8	4	13	4	13	4	13	4	13
					6.6～13	4	13	4	13	4	13	4	13	4	13

续　表

烈度	层数	层号	层高	房屋抗震类别	抗震横墙间距(L)	与砂浆强度等级对应的房屋宽度限值(B)									
						M1		M2.5		M5		M7.5		M10	
						下限	上限	下限	上限	下限	上限	下限	上限	下限	上限
7(0.15g)	二	1	3.3	②	3	4	5.1	4	8	4	11.6	4	13	4	13
					3.6	4	5.8	4	9.2	4	13	4	13	4	13
					4.2	4	6.5	4	10.2	4	13	4	13	4	13
					4.8	4	7.1	4	11.1	4	13	4	13	4	13
					5.4	4	7.6	4	11.9	4	13	4	13	4	13
					6	4	8.1	4	12.7	4	13	4	13	4	13
					6.6	4	8.5	4	13	4	13	4	13	4	13
					7.2	4	9	4	13	4	13	4	13	4	13
					7.8	4	9.4	4	13	4	13	4	13	4	13
					8.4	4	9.7	4	13	4	13	4	13	4	13
					9	4	10	4	13	4	13	4	13	4	13
8	二	2	3.3	①	3	4	6.4	4	9	4	9	4	9	4	9
					3.6	4	7.2	4	9	4	9	4	9	4	9
					4.2	4	7.9	4	9	4	9	4	9	4	9
					4.8	4	8.6	4	9	4	9	4	9	4	9
					5.4~9	4	9	4	9	4	9	4	9	4	9
		1	3.3		3	—	—	4	6	4	9	4	9	4	9
					3.6	4	4.2	4	6.8	4	9	4	9	4	9
					4.2	4	4.6	4	7.6	4	9	4	9	4	9
					4.8	4	5.1	4	8.3	4	9	4	9	4	9
					5.4	4	5.4	4	8.9	4	9	4	9	4	9
					6	4	5.8	4	9	4	9	4	9	4	9
					6.6	4	6.1	4	9	4	9	4	9	4	9
					7	4.1	6.3	4	9	4	9	4	9	4	9

烈度	层数	层号	层高	房屋抗震类别	抗震横墙间距(L)	与砂浆强度等级对应的房屋宽度限值(B)									
						M1		M2.5		M5		M7.5		M10	
						下限	上限	下限	上限	下限	上限	下限	上限	下限	上限
8 (0.15g)	二	2	3.3	①	3	—	—	4	6.2	4	9	4	9	4	9
					3.6	4	4	4	7	4	9	4	9	4	9
					4.2	4	4.4	4	7.7	4	9	4	9	4	9
					4.8	4	4.8	4	8.4	4	9	4	9	4	9
					5.4	4	5.1	4	8.9	4	9	4	9	4	9
					6	4	5.4	4	9	4	9	4	9	4	9
					6.6	4.1	5.6	4	9	4	9	4	9	4	9
					7	4.7	5.9	4	9	4	9	4	9	4	9
					7.8	5.2	6.1	4	9	4	9	4	9	4	9
					8.4	5.9	6.3	4	9	4	9	4	9	4	9
					9	—	—	4	9	4	9	4	9	4	9
8 (0.15g)	二	1	3.3	①	3	—	—	—	—	4	5.1	4	6.2	4	7
					3.6	—	—	—	—	4	5.8	4	7.1	4	7.9
					4.2	—	—	4	4.1	4	6.5	4	7.9	4	8.8
					4.8	—	—	4	4.5	4	7.1	4	8.6	4	9
					5.4	—	—	4	4.8	4	7.6	4	9	4	9
					6	—	—	4.1	5.1	4	8.1	4	9	4	9
					6.6	—	—	4.6	5.4	4	8.5	4	9	4	9
					7	—	—	5	5.6	4	8.8	4	9	4	9

附 录 2

表 2　矩形截面钢筋石过梁选用表

过梁代号	净跨 L/mm	支撑板宽范围	梁宽 b/mm	梁高 h/mm	受力钢筋种类	L_n/mm	配筋编号	
							①	②
GL—1	600	0	240	120	HPB235	1 100	2φ8	2φ6
GL—2	600	≤2.1	240	120	HPB235	1 100	2φ8	2φ6
GL—3	600	2.1～4.2	240	120	HPB235	1 100	2φ8	2φ6
GL—4	1 000	0	240	120	HPB235	1 500	2φ8	2φ6
GL—5	1 000	≤2.1	240	120	HPB235	1 500	2φ10	8φ6
GL—6	1200	0	240	120	HPB235	1 700	2φ8	9φ6
GL—7	1200	≤2.1	240	120	HRB335	1 700	2φ12	9φ6

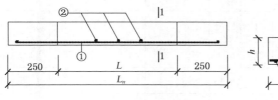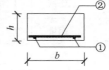

钢筋石过梁的配筋图

附 录 3

表 3.1 水泥砂浆配合比参考表(32.5 级水泥)

砂浆强度等级	用量(kg/m³)与比例	配 比								
		粗砂			中砂			细砂		
		水泥	砂子	水	水泥	砂子	水	水泥	砂子	水
M1	用量	195	1 500	270	200	1 450	300	205	1 400	330
	比例	1	7.69	1.38	1	7.25	1.50	1	6.83	1.61
M2.5	用量	207	1 500	270	213	1 450	300	220	1 400	330
	比例	1	7.25	1.30	1	6.81	1.41	1	6.36	1.50
M5	用量	253	1 500	270	260	1 450	300	268	1 400	330
	比例	1	5.93	1.07	1	5.58	1.15	1	5.22	1.23
M7.5	用量	276	1 500	270	285	1 450	300	294	1 400	330
	比例	1	5.43	0.98	1	5.09	1.05	1	4.76	1.12
M10	用量	305	1 500	270	315	1 450	300	325	1 400	330
	比例	1	4.92	0.89	1	4.60	0.95	1	4.31	1.02
M15	用量	359	1 500	270	370	1 450	300	381	1 400	330
	比例	1	4.18	0.75	1	3.92	0.81	1	3.67	0.87

表 3.2 混合砂浆配合比参考表(32.5 级水泥)

砂浆强度等级	用量(kg/m³)与比例	配 比								
		粗砂			中砂			细砂		
		水泥	砂子	水	水泥	砂子	水	水泥	砂子	水
M1	用量	157	173	1 500	163	167	1 450	169	161	1 400
	比例	1	1.10	9.53	1	1.02	8.87	1	0.95	8.26
M2.5	用量	176	154	1 500	183	147	1 450	190	140	1 400
	比例	1	0.88	8.52	1	0.80	7.92	1	0.74	7.40
M5	用量	204	126	1 500	212	118	1 450	220	110	1 400
	比例	1	0.62	7.35	1	0.56	6.84	1	0.50	6.36
M7.5	用量	233	97	1 500	242	88	1 450	251	79	1 400
	比例	1	0.42	6.44	1	0.36	5.99	1	0.31	5.58
M10	用量	261	69	1 500	271	59	1 450	281	49	1 400
	比例	1	0.26	5.75	1	0.22	5.35	1	0.17	4.98

表 3.3 混合砂浆配合比参考表(42.5 级水泥)

砂浆强度等级	用量(kg/m³)与比例	配 比								
		粗砂			中砂			细砂		
		水泥	砂子	水	水泥	砂子	水	水泥	砂子	水
M1	用量	121	209	1 500	125	205	1 450	129	201	1 400
	比例	1	1.73	12.40	1	1.64	11.60	1	1.56	10.86
M2.5	用量	135	195	1 500	140	190	1 450	145	185	1 400
	比例	1	1.44	11.11	1	1.36	10.36	1	1.28	9.66
M5	用量	156	174	1 500	162	168	1 450	168	162	1 400
	比例	1	1.12	9.62	1	1.04	8.95	1	0.96	8.33
M7.5	用量	178	152	1 500	185	145	1 450	192	138	1 400
	比例	1	0.85	8.43	1	0.78	7.84	1	0.72	7.29
M10	用量	199	131	1 500	207	123	1 450	215	115	1 400
	比例	1	0.66	7.54	1	0.59	7.00	1	0.53	6.51

参考文献

［1］施楚贤. 砌体结构理论与设计. 第 2 版. 北京：中国建筑工业出版社，2003

［2］丁大钧. 砌体结构学. 北京：中国建筑工业出版社，1997

［3］戴志军. 福建民居. 北京：中国建筑工业出版社，2009

［4］吴正光，陈颖，赵逵，等. 西南民居. 北京：清华大学出版社，2010

［5］刘丽芳. 中国民居文化. 北京：时事出版社，2010

［6］张鹰. 传统建筑. 上海：上海人民出版社，2009

［7］王晓莉. 中国少数民族建筑. 北京：五洲传播出版社，2007

［8］《中国建筑史》编写组. 中国建筑史. 北京：中国建筑工业出版社，1986

［9］吴礼冠. 中国古民居. 北京：五洲传播出版社，2007

［10］韩伟强. 建筑与木构建筑. 南京：东南大学出版社，2001

［11］中国建筑科学研究院. 1976 年唐山大地震房屋建筑震害图片集. 北京：中国学术出版社，1986

［12］崔彬彬，刘鸣. 汶川地震中村镇建筑的震害分析及抗震减灾措施研究. 西安：长安大学，2009

［13］陈志华. 外国建筑史. 北京：中国建筑工业出版社，2006

［14］罗小未. 外国近现代建筑史. 北京：中国建筑工业出版社，2004

[15] 傅朝卿. 西洋建筑发展史话:从古典到新古典的西洋建筑变迁. 北京:中国建筑工业出版社,2005

[16] 紫图大图典丛书编辑部. 世界不朽建筑大图典速查手册. 西安:陕西师范大学出版社,2004

[17] 罗小未,蔡婉英. 外国建筑历史图说. 上海:同济大学出版社,2002

[18] 紫图大图典丛书编辑部. 中国不朽建筑大图典. 西安:陕西师范大学出版社,2004

[19] 杨文忠. 唐山大地震宇建筑抗震. 成都:西南交通大学出版社,2003

[20] World Housing Encyclopedia:www. world-housing. net

[21] D V Oliveira, P B Louren, P Roca. Cyclic behaviour of stone and brick masonry under uniaxialcompressive loading. *Materials and Structures*, 2006 (39):247-257

[22] E Juh'asov'a, R Sofronie, R Bairr~ao. Stone masonry in historical buildings — Ways to increase their resistance anddurability. *Engineering Structures*, 2008(30): 2194-2205

[23] K Venu Madahava Rao, B V Venkatarama Reddy, K S Jagadish. Strength characteristics of stone masonry. Materials and Structures, 1997(30):233-237

[24] 姜永东,鲜学福. 单一岩石变形特性及本构关系的研究. 岩土力学,2005,26(6):941-945

[25] 刘建生,安学军. 石砌体的本构关系. 建筑结构,1995(10):28-33

[26] 刘木忠. 料石结构建筑抗震性能研究. 工程抗震,1992(1):19-23

[27] 施养杭,施景勋. 料石石墙抗震抗剪强度. 工程力学,1998(增

刊):598-601

[28] 柴振玲,郭子雄. 干砌甩浆砌石墙通缝抗剪强度试验研究. 建筑结构学报,2009(增刊):340-344

[29] 黄群贤,郭子雄. 石墙通缝抗剪强度试验及其可靠度分析. 武汉理工大学学报,2010,32(9):65-68

[30] P B Lourenco, L F Ramos. Characterization of cyclic behavior of dry masonry joints. *Journal of Structural Engineering*, 2004(4): 779-786

[31] N Augenti, F Parisi. Constitutive modelling of tuff masonry in direct shear. *Constr Build Mater* (2010), doi: 10.1016/j. conbuildmat. 2010. 10. 002

[32] 柴振玲,郭子雄. 剪—压复合作用下铺浆砌筑石墙灰缝抗剪性能试验研究. 工业建筑,2011,41(9):63-66

[33] 郭子雄,柴振玲. 机器切割条石砌筑石墙灰缝抗剪性能试验研究. 工程力学,2012,29(6):92-97

[34] 郭子雄,柴振岭. 条石砌筑石墙抗震性能试验研究. 建筑结构学报,2011,32(3):64-68.57-63

[35] G Vasconcelos, P B Lourenco. In-Plane Experimental Behavior of Stone Masonry Wallsunder Cyclic Loading. *Journal of Structural Engineering*, 2009(10): 1269-1277

[36] C Calderini, S Cattari, S Lagomarsino. In-plane strength of unreinforced masonry piers. *Earthquake Engng Struct.* 2009(38):243-267

[37] 施景勋,卢志红. 高宽比对于石墙砌体抗剪试验值的影响和分析. 华侨大学学报自然科学版,1993,14(1):57-64

[38] 郭子雄,柴振岭. 机器切割料石砌筑石墙灰缝构造及抗震性能试验研究. 建筑结构学报,2011,32(3):64-68

[39] L Binda，A Saisi. Research on historic structures inseismic areas in Italy. Struct. Engng Mater. 2005(7):71-85

[40] 余建星,施养杭. 石砌体结构抗震抗剪强度理论的应用. 地震工程与工程振动,2000,20(1):63-67

[41] 施养杭. 料石结构房屋动力特性的分析和研究. 工程力学,1996(增刊):575-579

[42] 李德虎,李得民. 石结构房屋抗震性能的振动台试验研究. 建筑科学,1992(4):31-36

[43] D Benedetti，P Carydis & P Pezzoli. Shaking table tests on 24 simple masonry buildings. *Earthquake Engineering and Structural Dynamics*，1998(27)：67-90

[44] 叶锦秋,孙惠镐. 混凝土结构与砌体结构. 北京:中国建材工业出版社,2004

[45] 丁大钧. 砌体结构. 南京:东南大学出版社,2004

[46] 符芳主. 土木工程材料. 北京:中国建筑工业出版社,2006

[47] 钱晓倩,詹树林,金南国. 建筑材料. 北京:中国建筑工业出版社,2009

[48] 张爱勤,朱霞. 土木工程材料. 北京:人们交通出版社,2008

[49] 王葆华,田晓. 装饰材料与施工工艺. 武汉:华中科技大学出版社,2006

[50] L Binda，A Fontana，G Mirabella. Mechanical behavior and stress distribution in multiple-leaf stone walls. *Proceedings of the* 10th *international brick block masonry conference*，Calgary，Canada，1994：51-59

[51] G Vasconcelos，P B Lourenco. Experimentalcharacterization of stone masonry in shear and compression. *Construction and Building Materials*，2009(23):3337-3345

［52］国家地震局工程力学研究所．闽南示范区砌石房屋抗震试验子专题研究工作研究．闽南示范区震害预测及减灾对策研究专题资料之十，1998

［53］林建生．石结构的抗震可靠度分析及减灾对策．工程抗震，1993(6)：27-31

［54］施景勋，卢志红，林建华，施养杭．对石墙抗震性能的研究和设计取值建议．华侨大学学报自然科学版，1993(4)：191-199

［55］福建省建筑科学研究所．有垫片料石墙体抗震抗剪性能及其加固效果的试验与研究，1992

［56］杨玉福．村镇住宅简明设计手册．北京：中国建材工业出版社，2008

［57］砌筑砂浆配合比设计规程(JGJ/T 98—2010)．北京：中国建筑工业出版社，2011

［58］砌筑结构设计规范(GB 50003—2011)．北京：中国建筑工业出版社，2012

［59］砌筑工程施工质量验收规范(GB 50203—2002)．北京：中国建筑工业出版社，2002

［60］砌筑基本力学性能试验方法标准(GB/T 50129—2011)．北京：中国建筑工业出版社，2011

［61］镇(乡)村建筑抗震技术规程(JGJ 161—2008)．北京：中国建筑工业出版社，2008

［62］葛学礼，朱立新，黄世敏．镇(乡)村建筑抗震技术规程实施指南．北京：中国建筑工业出版社，2010

［63］唐岱新．砌体结构设计新规范应用讲评．北京：中国建筑工业出版社，1992

［64］中国建筑工程总公司．建筑砌体工程施工工艺标准(ZJQ00-SG-012-2003)．北京：中国建筑工业出版社，2003

［65］砌体工程质量验收规范（GB 50203—2011）.北京：中国建筑工业出版社，2011

［66］陕西省建设厅.砌体工程施工工艺标准（DBJT 61‐30‐2005）.西安：陕西科学技术出版社，2006

［67］砌体与木结构工程（质量验收与施工工艺对照使用手册）.北京：知识产权出版社，2007

［68］苑振芳.砌体结构设计手册.北京：中国建筑工业出版社，2002

［69］李楠.《砌体工程质量验收规范》应用图解.北京：机械工业出版社，2009